JN011700

日本水稲在来品種小事典

～295品種と育成農家の記録～

西尾敏彦・藤巻宏 著

農文協

はじめに——在来品種の由来を訪ねて

　この『小事典』は、このまま放置しておけば間もなく歴史の闇に消えていくであろう水稲在来品種のいわば備忘録である。ここでいう在来品種とは、農家などこの日本列島で実際に稲づくりに励んできた人たちがつくった品種のことである。最近は、品種といえば、国や都道府県の研究機関育成のものが多く、なかには大企業育成のものもあるが、在来品種はこれとは別で、農家が日々の農作業の傍らつくった品種のことである。

　いうまでもないことだが、この島国日本で稲作がはじまってすでに3000年余り、品種づくりはもっぱら農民自身の仕事であり、彼らがつくった稲の品種（もちろん当時は「品種」などという用語はなく、「稲種」などと呼ばれていた）は無数といってよいだろう。ただそのなかで、育成者・育成年・品種特性など、育成の実情がみえる品種となると、江戸中期以降の品種に限定される。この『小事典』には、その多少とも実像のみえる品種約300品種を収録した。編纂にあたっては、可能な限り多くの資料にあたったつもりだが、なお不完全であることは免れない。今後も読者の力を借りてぜひ補完していきたい。

農家と在来品種の長いつき合い

　『小事典』の内容に入る前に、あらかじめ在来品種の歴史に触れておきたい。わが国の稲作の歴史に、品種が姿をみせはじめるのは、奈良時代8世紀（710〜784年）ころの遺跡から出土した木簡が最初といわれる。山形県上高田遺跡出土の木簡に「畦越（あぜこし）」という品種名が記されていたのが最初で、ほかにも「須流女（するめ）」「荒木（あらき）」「足張（すくはり）」など24品種の木簡が出土している。当時、木簡は種籾袋の荷札であったから、この時代にはすでに多くの品種があって、その識別が必要であったのだろう。当時すでに早生・中生・晩生という熟期区分もあったという。

　わが国の農家がどれほど品種に関心をもっていたかは、江戸時代に記された農書に取りあげられている品種の数の多さをみてもわかる。わが国最古の農書といわれる江戸時代初期の農書『清良記』には、早・中・晩の粳稲、糯稲、陸稲、秈（インディカ米）を合わせて96品種が列記されているし、貞享元年（1684）の『会津農書』には、里田・山田など立地条件別に延べ69品種が、安永5年（1776）の陸奥の書『耕作噺』には72品種の名が記載されている。江戸中期の諸藩の産物帳をみても、陸奥国盛岡藩で137品種、加賀国で208品種、尾張国が407品種、筑前福岡領で102品種など、おびただしい数の品種名の記録がある。

　農家の品種へのこだわりは、農家の品種選びの実例からみても知ることができる。古島敏雄著『日本農業技術史』（1975）によると、長野県南部大河原村前島家の日誌には、宝暦8年（1758）から寛政4年（1793）までの35年間に栽培された19品種の出入りが記録されているが、短いものは1年、長いものは20年近くもつくりつづけられている。

　いっぽう前述の『清良記』には、上高田遺跡出土の「畦越」と同名の品種が登場する。まったく同一とは考えにくいが、幕末に生まれた「雄町」が今も現役であることなども考え合わせれば、数百年に及ぶ長寿の品種があったとしても不思議でない。品種はいつの時代も、どこの地域でも、より豊かな生活をと願う農民の、最も頼りになる味方であったのだろう。全国各地に建つ育成者を称える顕彰碑・頌徳碑の多さをみても、そのことをうかがい知ることができる。

『小事典』からみえてくる在来品種の変遷

　ここからはこの『小事典』についてだが。この小事典には品種名以外に、育成者・育成年・品種特性など、多少とも品種の実像がみえる品種約300を収録した。収録品種のうち、最も古い品種と思われるのは「太郎兵衛糯」（慶長年間：17世紀初・埼玉）で、最も新しい品種は「羽黒」（昭和31年・山形）である。もちろん、それ以後も今現在に至るまで農家の品種育成はつづいているが、今回は残念ながら収録できなかった。

　在来品種に、とくに農家の関心が高くなったのは老農の活躍が目立ちはじめた明治時代からである。この時代になると、各地で内国勧業博覧会や農談会・種子交換会が開催され、これが品種への関心を高める結果になった。

　江戸末期以降の在来品種づくりには、概観して2つの流れがあったようにみえる。ひとつは明治20年代までで、大粒・良質、心白の多い米が多く出回っている。この時代は米が生糸・茶に次ぐ第3の輸出品であったためで、「白玉」（嘉永2年・福岡）、「雄町」（慶応2年・岡山）、「房吉撰」（明治20年ころ・岡山）、「穀良都」（明治22年・山口）など、大阪市場の評価が高い品種が広く栽培されていた。今日の「酒米」はその流れをくむ。

　多収品種が強く求められるようになったのは、人口の急増で米が輸入に転じ、増産が強く求められるようになった明治30年前後からである。「神力」（明治10年・兵庫）、「愛国」（明治22年・宮城）、「亀ノ尾」（明治26年・山形）、「旭」（明治42年・京都）など、安定多収品種が育成されたのはこの時代からで、以後、わが国の水稲品種は昭和50年代の米余り時代の到来まで、稲の多収を第一とするこの種の品種が多くを占めるようになった。

　わが国における人工交配の試みは、明治31年（1898）に、滋賀県農試の高橋久四郎が「神力」×「善光寺」の交配を試み、「近江錦」を育成したのが最初といわれる。このころ

には農家の間にも、異品種間の交雑でよりすぐれた品種が作出できるという認識は浸透していたのだろう。たとえば、北海道の井越和吉が13品種を混植して異種間の交雑を誘起させ、「井越早稲」（明治37年）を選出している。

　明治37年（1904）には、いよいよ農商務省の農事試験場が全国から在来品種を集め、畿内支場において交配育種をはじめるが，これがむしろ農家の品種づくり意欲を刺激したのだろう。これと競い合うように、在来品種の育成も多くなっている。とくに山形県では多くの農家が人工交配育種法を習得し、「福坊主」（大正4年）、「大国早生」（明治10年）など多く交配品種を育成している。

　在来品種が少なくなったのは太平洋戦争後で、国と公立試験場を結ぶ交配育種体制が完備し、そこで育成された交配品種が数多く出回るようになってからである。だがだからといって、これで在来品種が絶えたというわけでは断じてない。昭和26年（1951）の品種別作付面積をみても「日の丸」（昭和16年・山形）が全国第10位で37,197ha、「銀坊主」が第11位で34,257haを占めている。岩手県・山形県では昭和30年まで「福坊主」が奨励品種に認定されていたし、「羽黒」は昭和40年代に山形県で600ha以上普及していた。そして今現在も、日本中の各地で、新しい「在来品種」づくりがつづけられているのだから。

農耕文化としての在来品種

　在来品種と聞くと、過ぎ去った過去の遺物と思う人が多いだろう。だが、わたしたちが現在食べている「コシヒカリ」も4〜5代遡れば在来品種の「旭」「愛国」「亀ノ尾」に行きつくし、「ゆめぴりか」も7〜8代遡れば「赤毛」「坊主」「銀坊主」にたどりつく。今日、世界に誇るこの国の豊富な稲遺伝資源も、農民の血と汗の結晶である在来品種なしには日の目をみることはなかっただろう。

　在来品種づくりに、どれほど農家が関心をもっていたかは、これを育成した農家の顔ぶれをみてもわかる。もちろん地主など、上層農家が育成した例は多いが、必ずしもそうとばかりはいえないようだ。

　有名な東北地方の耐冷性品種「亀ノ尾」を育成した阿部亀治は小作（のちに自小作）であったというし、良質米として評価の高かった「栄吾」（嘉永2年・愛媛）は「赤貧洗フカ如シ」の貧しい農家植松栄吾によって育成された。「穂増（ほませ）」（天保4年）と「福神（ふくじん）」（明治41年）は、いずれも熊本県のませ女と市原つぎという2人の女性によって育成された。変わったところでは寺の住職が選出した「三宝」（天明年間・愛媛）や「満願寺」（明治中期・熊本）がある。明治末から昭和にかけて南東北・北陸に普及した「愛国」は蚕種業者が取り寄せた種子から生まれたというし、明治初年に北海道南部

に導入された「近成」は米沢藩主上杉鷹山の作と伝えられる。品種は農村に住むすべて
の人の関心事であったのだろう。

　考えてみれば、すべてに制約の多かったかつての農家にとって、彼らが高みを望むと
き、最も身近で最も手をつけやすい稲作改善策は品種づくりであったろう。変異穂の発
見からはじまる当時の品種づくりなら、観察力と忍耐力、それにやる気さえあれば誰で
も可能であった。育成者が地主はもちろん小農・貧農・農婦、さらに農民以外の村民に
まで及んでいるのは、そんな品種づくりの魅力に人びとが惹かれたからだろう。

　冷涼な北海道で、米をつくりたい農家の執念が生み出した「赤毛」。冷害に悩まされつ
づける東北の農家に希望をもたらした耐冷性品種の「亀ノ尾」。日照不足や冷水害に悩む
北陸や山陰の農家に歓迎された強稈多収・いもち病抵抗性強の品種「銀坊主」と「亀治（明
治8年・島根）」。水害常襲地で、台風襲来前に収穫をと願う農家が生み出した極早生品
種の「保村」（安政5年・埼玉）。3化メイ虫に悩む九州で、発生期を避けるために早植え
用として育成された早生種の「白紅屋」（明治30年ころ・佐賀）、晩植え用極晩生種の「西
ノ宮」（明治末・佐賀）、「二千本」（明治中期・熊本）。南国高知で温暖な気象を活かし
た年2回の稲作をと願う農家に応えた二期作用品種の「衣笠早生」（明治32年）と「相川」
（明治28年）。などなど。

　ひとつひとつの品種の誕生は、それぞれの時代それぞれの地域の農家の稲作に向けた
願いが叶えられていく姿であり、稲作の歴史を一歩一歩前に進めた歯車でもあった。

　ひところ北東北の水田遺跡から出土した弥生時代の農民の足跡が世間の話題を集めた
ことがあったが、在来品種もまた、遠い昔から受け継がれてきた農民の知恵の"足跡"、
世界に誇る農耕文化遺産といってよいだろう。

　時の流れのなかで、古い品種が忘れ去られていくのは仕方がないとしても、先人から
受け継いできたこうした農耕文化遺産があって、今日の稲作の発展があることだけは忘
れないようにしたいものである。この『小事典』がその一助となれば幸いである。

（西尾敏彦）

目　次

はじめに──在来品種の由来を訪ねて ……………………………………… 1

1 主な在来品種の解説 ………………………………………… 7

相川（あいかわ）…………… 8 　　愛国（あいこく）…………… 10

相徳（あいとく）…………… 12 　　赤毛（あかげ）……………… 13

旭（あさひ）………………… 15 　　荒木（あらき）……………… 16

イ号（いごう）……………… 18 　　井越早稲（いごしわせ）…… 19

石白（いしじろ）…………… 20 　　伊勢錦（いせにしき）……… 21

栄吾（えいご）……………… 22 　　大野早生（おおのわせ）…… 23

大場（おおば）……………… 24 　　雄町（おまち）……………… 25

亀治（かめじ）……………… 27 　　亀ノ尾（かめのお）………… 29

衣笠早生（きぬがさわせ）… 31 　　銀坊主（ぎんぼうず）……… 32

黒毛（くろげ）……………… 34 　　郡益（ぐんえき）…………… 35

穀良都（こくりょうみやこ）… 36 　　小天狗（こてんぐ）………… 37

魁（さきがけ）……………… 38 　　敷島（しきしま）…………… 39

地米（じごめ）……………… 39 　　十石（じっこく）…………… 40

白玉（しらたま）…………… 42 　　白千本（しろせんぼん）…… 43

白紅屋（しろべにや）……… 44 　　信州金子（しんしゅうかねこ）…45

神力（しんりき）…………… 46 　　須賀一本（すがいっぽん）…48

関取（せきとり）…………… 49 　　善石早生（ぜんごくわせ）…50

染分（そめわけ）…………… 52 　　大国早生（だいこくわせ）…53

武作選（たけさくせん）…… 54 　　竹成（たけなり）…………… 55

東郷（とうごう）…………… 56 　　豊国（とよくに）…………… 57

八反（はったん）…………… 58 　　日の出撰（ひのでせん）…… 59

日の丸（ひのまる）………… 60 　　平田早生（ひらたわせ）…… 61

福坊主（ふくぼうず）……… 62 　　坊主（ぼうず）……………… 63

保村（ほむら）……………… 64 　　万作（まんさく）…………… 66

三井（みい）………………… 67 　　都（みやこ）………………… 68

森多早生（もりたわせ）…… 69 　　山崎糯（やまざきもち）…… 70

山田穂（やまだほ）………… 71 　　早生大野（わせおおの）……72

■ **2** 収集した全在来品種の解説 ……………………………… 75

　　水稲在来品種一覧 …………………………………………… 76

■ **3** 現代品種に息づく在来品種のDNA ………………… 109

　(1) 寒地稲作を可能にした在来品種 ……………………… 111
　　図1 稲栽培前線の北進／図2 現代品種に残る「赤毛」のDNA断片
　(2) やませに耐えた「亀の尾」と「愛国」 ……………… 113
　(3) 日本人好みの食味を演出した「旭」と「愛国」 …… 116
　　図3 コシヒカリ系品種の系譜
　(4) 奇跡の稲を育んだ「白千本」と「十石」 …………… 119
　　図4「白千本」の半矮性を活かした品種改良（日本晴）
　　図5「十石」の半矮性を活かした品種の系譜（ユメヒカリ）
　(5) 日本酒米品種の改良に寄与した「山田穂」と「八反草」………………… 125
　　図6 主な酒米品種の系譜

■ **4** 付表 ……………………………………………………… 131

　　収集できた「在来品種」の道府県別・年次別品種分布とその数 ………… 132
　　主な在来品種の育成年表 ………………………………… 136

あとがき──地域に根付いた農耕文化 ………………………… 138

1

主な在来品種の解説

あ

相川（あいかわ）

育成者：川井（合）亀次（1861〜1925）

育成地：高知県土佐郡森村相川（現在は土佐町）

育成年：明治28年（1895）

育成の経過：「相川」の育成者・育成経過についてはいくつかの異説があるが、ここでは以下の農林省農務局資料[1]と池の説[2]を採用したい。

　明治28年（1895）に、川井（合）亀次[※1]が宇和島に牛買いに行った帰途、抜き穂して持ち帰った種子（「晩宇和島」といわれている）から選抜したもの。大正3年（1914）に長岡郡長岡村の井口宇（宗）吉[※2]がこれと「衣笠早生」の組み合わせで二期作栽培に成功したことから、「相川」と命名し、近隣に広めた。

育成者・育成経過に関する異説：渡部[3]によると、「相川」の育成については別に以下の3説がある。

　(1) 明治37〜38年ころ、川井亀次が宇和島地方から持ち帰った「晩宇和島（有芒）」から無芒の変異種の多収品種を見つけ、これを式地亀七（土佐郡土佐村相川）が選抜固定したとする説。

　(2) 土佐郡森村でつくられていた愛媛県伝来の「晩宇和島」を明治44年に井口卯吉[※2]（長岡郡長岡村字西山）が試作し、「相川」と命名したとする説。

　(3) 土佐郡農会長の鴨田村山崎喜代太郎（鴨田村）が明治43年（1910）に同県嶺北地方に出張の際に持ち帰り試作したものにはじまる、とする説。

　ただし、(1) 説については「相川」でなく、「相川44号」であるとする説もあるが、これについては後述［付記］参照。

品種の特性：極晩生。極端な穂重型品種で、分げつは少なく1穂粒数が多い。いもち病・白葉枯病に強い。

普及の状況：昭和7年（1932）には同品種の系統選抜種「相川44号」（後述）が普及面積7,233haに達している。戦争中は減少したが、戦後も昭和35年（1960）には1,548haまで回復したが昭和40年代の米余りとともに消えていった。

※1：池が現地で確認した墓石の表記によれば、川井亀次が正しい
※2：池が渡部に依頼した調査の結果では、井口宇吉が正しい

育種上の貢献：大正7年（1918）に高知県農試が土佐郡
から取り寄せた「相川」について純系淘汰を行ない、大
正11年（1922）に「相川44号」と命名、同年奨励品種に
採用した[1]。

顕彰碑など：土佐町相川川井家墓地の川井亀次の墓に墓
碑銘がある。末尾に「精農トシテ米穀品種ノ改良ニ努力
シ裨益スル所甚大県南部二期作種トシテ礼賛セラルル相
川晩ハ君ノ創作ニ係ルモノニシテ有名ナリ」と記されて
いる。

付記：前述したが、高知県農試育成の「相川44号」につ
いては、育成者を式地亀吉（土佐郡高須村）とする説が
ある。昭和29年（1954）に土佐町高須に建設された「式
地亀吉翁頌徳寿碑」の碑文に「大正十年水稲二期作用優
良品種相川四十四号を選出し県下六千町歩の二期作地帯
に頒布した」とあり、当時こうした風説が広く伝播され
ていたのだろう。

写真1　「式地亀七翁の顕彰碑」
「相川44号」の育成に貢献したことを
称えて、土佐町高須に建立された
（中村幸生氏提供）

　だが「相川44号」については、農林省農務局（1935）『農事改良資料（昭和10年）』[1]にも、
高知県の項に「相川44号：土佐郡ヨリ取寄セタル相川ニツキテ大正七年ヨリ純系淘汰ヲ
行ヒタルモノニシテ大正十一年奨励品種ニ決定ス」とある。高知県農試の大正9年の業
務報告にも、その系統名が明記されていることなどから、式地育種説は受け入れ難い。

　高知県農試が「相川」の純系淘汰を開始した大正7年の業務報告[5]によると、供試した
「相川」は153株で、うち30株が高須村から入手したとある。式地はこの30株全部また
は一部の提供者で、そのなかから「相川44号」が生まれたのではないだろうか。前述異
説の（1）は、そのことが混同されたのだろう。

〈引用・参考文献〉

1) 農林省農務局 (1935)『農事改良資料』第97

2) 池 隆肆 (1974)『稲の銘―稲民間育種の人々―』オリエンタル印刷

3) 渡部正二 (1966)『水稲品種の特性と解説』高知県種子協会

4) 高知県農試 (1921)『大正9年高知県農試業務報告』高知県

5) 高知県農試 (1919)『大正7年高知県農試業務報告』高知県

愛国（あいこく）

育成者：本多三学が種籾を導入、窪田長八郎が試作。

育成地（導入地）：宮城県伊具郡舘矢間村（現在は丸森町）

育成年：明治22年（1889）に伊豆から種籾を導入して試作、明治25年（1892）に「愛国」と命名した。

育成の経過：舘矢間村の蚕種業者の本多が明治22年に静岡県青市村（現在の南伊豆町）の同業者外岡由利蔵から品種名不詳の種子を取り寄せ、その試作を近所の篤農家窪田長八郎に依頼したことからはじまる。試作当初は出穂も遅く、とれた種子もわずかであったが、試作を重ねるうちに早生化への淘汰が進み、出穂は1週間ほど早まり多収になっていった。明治25年に同村に調査に立ち寄った郡書記森善太郎が品種名のないのを惜しみ、「愛国」と命名したという。

　以上は、大正元年（1912）に宮城県農試が行なった調査[1]の大要だが、その後、昭和2年（1927）に、さらに宮城県農試寺沢保房が直接伊豆に出向いて調査を行ない、この品種名不詳の種籾は静岡県加茂郡青市村高橋安兵衛が同地の晩稲「身上起（しんじょうおこし）」から選出した「身上早生（しんじょうわせ）、別名：蒲谷早生」であることを明らかにしている。「愛国」は「身上早生」が東北の環境下で淘汰され、早熟化・多収化した品種ということだろう。

写真2　「愛国発祥の地」の記念碑
平成22年（2010）11月、地元住民の寄金で舘矢間まちづくりセンター前に建立された

育成についての異説：なお「愛国」の誕生については、もうひとつ異説があったことを付記しておきたい。提起したのは、同じ宮城県の柴田郡農会である。明治27年（1894）に、同郡船岡村（現在の柴田町）の大地主で貴族院議員の飯淵七三郎がたまたま参観した農商務省農事試広島支場で分与された種籾が起源となるものである。帰郷後、飯淵は種籾を近くの農家に分与したが好評であったため「愛国」と命名し、さらに希望者に栽培をすすめたという。

　後にこの種籾は、当時広島県で栽培

されていた「出雲早生」か、その同系品種と鑑定された。鑑定したのは広島県農試熊田
重雄で、柴田郡農会からの稲株標本を添えての鑑定依頼に答えたもので、大正元年に発
表している。広島県の「出雲」系の品種が飯淵の手を経て船岡村にもち込まれ、「愛国」
に変身したというのである。

　「船岡説」が注目されるようになったのは、この説がその後富民協会の手島新十郎、元
四国農試場長　嵐　嘉一という2人の大物によって支持されたからで、一時は学会まで巻
き込んだ論争になった。とくに嵐は「出雲」名の品種が江戸時代中期から西日本各地に
広く分布していたこと着目し、この品種が広域適応性にすぐれていたとして、南伊豆の
局所的品種に過ぎなかった「身上早生」に比べ「どちらかといえば「出雲」説により大き
く傾かざるをえない」と述べている[5]。

　だがこうした長年の論争も、佐々木武彦（元宮城県古川農試場長）の古記録調査によ
って終止符がうたれたと考えてよいだろう。佐々木は明治23年以降宮城県内務部が稲作
振興のために実施した「米作改良試験」などの資料に当たり、伊具郡ではすでに明治27
年に舘矢間村など3町村8農家で栽培が開始されていたが、柴田郡では明治28年になっ
てはじめて船岡村1村1試験地で栽培が認められたこと、他郡ではさらに遅れて明治29
年以降に栽培がみられることを明らかにしている。「愛国」は「舘矢間説」の伝えるとおり、
同村を起源に普及したと結論づけてよいだろう。

品種の特性：淡赤色の短芒を有し、ふ（稃）先色は紫褐色。粒着は密だが、品質は中位以
下とよくない。東北では晩生、関東で中生、東海以西では早生に分類される。強健で耐
冷性に富み多収で、耐病性にも富み、不良環境によく耐えるため、寒冷地の多収品種と
して広く栽培された。「亀ノ尾」に比べ、形状は類似し、草丈は高く、成熟期に大差はな
い。米質は中位だが、いもち病耐性はやや強く、稈もやや強い。

普及の状況：明治末から昭和10年代にかけて、「神力」に次いで全国に広く普及した品
種で、南東北、北陸、関東地方を中心に、最盛期の昭和7年には作付面積が240,372ha（純
系淘汰品種も含む）に達した。ただし明治38年（1905）の東北の大冷害では甚大な被害
が発生し、これが「陸羽132号」への転換の契機になった。

育種上の貢献：「愛国」がその後のわが国の品種改良に残した功績はきわめて大きい。ま
ず「愛国」からの純系淘汰品種では、山形県工藤吉郎兵衛が「敷島」、富山県の石黒岩次
が「銀坊主」を育成。各府県農試でも多くの「愛国◯号」が育成されている。また変わり
種では農事試畿内支場で育成された突然変異種「無芒愛国」がある。

　明治37年に農事試畿内支場で交配育種がはじまると、「愛国」は交配親としても大い
に重用されるが、「信州金子」との交配種「畿内早22号（改良愛国）」は、それぞれ昭和

10年代には最高作付面積33,000haに達している。「愛国」から系統分離された「陸羽20号」（農事試陸羽支場育成）は「陸羽132号」の交配親として、今日の「コシヒカリ」その他の良食味品種育成に大きく貢献している。

近年になって佐々木（2005）により「コシヒカリ」がもつ耐冷性がわが国の品種中でも最強級であること、さらにこれが祖先品種の「愛国」に由来することが明らかにされた。このところ東北では「ひとめぼれ」など、「コシヒカリ」を親品種にした良食味・耐冷性品種がつぎつぎ育成されているが、これらの品種の耐冷性もまた主に「愛国」に由来するというわけである。

顕彰碑など：宮城県伊具郡丸森町の舘矢間まちづくりセンター前の広場には、〈豊穣の稲「愛国」発祥の地記念碑〉が建っている。平成22年（2010）の秋に、地域の人びとが浄財を寄せ合って建立した。

〈引用・参考文献〉

1) 宮城県農試（1912）「水稲品種起源ノ来歴分布情態及特性調査書」

2) 寺沢保房（1927）「水稲品種「愛国」の来歴」『農業及園芸』2：687-688

3) 熊田重雄（1912）「水稲愛国種の原種は出雲早生か」『芸備農報』209号5-7

4) 手島新十郎（1932）「水稲優良品種「愛国」種の発見並にその改良新品種の目覚ましい躍進」『農業及園芸』7：1279-1286

5) 嵐嘉一（1975）「水稲「神力」「愛国」種誕生の前夜物語」『育種学雑誌』25：71-76

6) 佐々木武彦（2009）「水稲「愛国」の起源をめぐる真相」『育種学研究』11：15-21

7) 永井威三郎（1926）『日本稲作講義』養賢堂

相徳（あいとく）

育成者：村上徳太郎

育成地：愛媛県伊予郡原町村字川井（現在は砥部町）

育成年：明治23年（1890）

育成の経過：明治22年に「相生」を栽培していた自田のなかで見出した変わり株から選抜した[1]。命名は明治34年、徳太郎が「相生」から育成したことにちなむのだろう。

品種の特性：晩生、稈長・穂長・分げつ数は中庸、熟色がとくに美しい。いもち病・白葉枯病の耐病性は強。小粒で米質はあまりよくない。

普及の状況：高知県・愛媛県に普及。明治42、43年の東予・中予地方の平坦地はほとんど「神力」と「相徳」が占めていたといわれる[3]。昭和初期における愛媛県内での栽培面積は5,500ha、全栽培の12％ほどに達した。

育種上の貢献：愛媛県農試が「相徳」の純系選抜法で「伊予相徳1号」を育成したが、同品種は大正4年（1915）から昭和26年（1951）まで38年間愛媛県の奨励品種に居座り、昭和7年（1932）には県内で5,042haまで普及している[4]。

〈引用・参考文献〉

1) 池 隆肆（1974）『稲の銘─稲民間育種の人々─』オリエンタル印刷

2) 手島新十郎（1936）『多収米作法』養賢堂

3) 嵐 嘉一（1975）『近世稲作技術史』農文協

4) 農林省農務局（1935）『農事改良資料』第97

5) 愛媛県農林水産研究所ホームページ（https://www.pref.ehime.jp/h35118/1707/siteas/）

赤毛（あかげ）

別名：中山種、モロ早稲、ユカワ早稲

育成者：中山久蔵（1828〜1919）

育成年：明治6年（1873）

育成場所：北海道札幌郡広島村島松（現在は北海道北広島市）

育成の経過：道南の大野村（北斗市）から取り寄せた種子を明治6年に栽培したのがはじめという点では一致しているが、その種子の出自には2説がある[3]。ひとつは古く南部から移入され、道南の風土になじんでいた品種の移入とする説。もうひとつは渡島地方で栽培されていた赤芒の「津軽早生」から中山が選出したとする説。

ちなみに最近の研究では「赤毛」と共通するDNAパターンが秋田県の在来品種に頻繁にみられる。これらを考慮すると現在の秋田県あたりに由来するとも推察される[4]。

写真3 「寒地稲作この地に始まる」の碑
北海道北広島市の旧島松駅逓所の中山久蔵の水田跡近くに建つ（斎藤滋氏提供）

品種の特性：その名の通り、赤い長芒を有し粒は小粒、強稈であった。中山久蔵の記録によると、北海道の島松で移植を6月下旬にすると約1ヶ月後に出穂し、稈長は100〜120cm、穂長は22〜26cm、1穂着粒数は217〜151、籾収量は105〜109kgであった[6]。極早生・長稈・穂重型で、直播栽培に向く低温発芽能力が高く耐冷性が強く、寒地の北海道でもそれなりの収量が得られた。明治6年（1873）から9年間では、10a当たり270〜357kgのかなり高い記録を残した[2]。

普及の状況：明治44年（1911）には北海道稲作面積の80％、44,000haに普及している。

育種上の貢献：中山は自家採種した種籾150kgを明治11年（1878）開拓使に献上した。種籾の無償配布は明治36年（1903）まで継続され、石狩地方はもとより空知、上川、日高、十勝方面にまで及んだ。江頭庄三郎が「赤毛」のなかから芒のない変異株を発見し「坊主」を育成した。極早生で耐冷性の強い「赤毛」と「坊主」が北海道における稲作前線の北進に果たした役割はきわめて大きかった。その後も北海道の主要水稲品種の育成に大きく寄与した。最近の分子遺伝学的研究によると[3]、「赤毛」は自然環境下で突然変異を発生しやすい性質があり、無芒変異による「坊主」や「魁」との交配により育成された世界的にも最も早熟の「走坊主」などの育成に寄与した。「きらら397」以降の良食味品種9品種には、「赤毛」由来のDNA断片が13ヶ所あり、イネゲノムの約6.2％に相当する[5]。

顕彰碑：北海道北広島市島松の中山久蔵の旧家である国史跡・旧島松駅逓所の傍らに「寒地稲作発祥の地」を記念する石碑がある。

〈引用・参考文献〉

1) 池 隆肆（1974）『稲の銘―稲民間育種の人々―』オリエンタル出版

2) 星野達三編著（1994）『北海道の稲作』北濃会

3) 今井克則ら（2008）「イネ在来系統‘赤毛’から生じた新規変異体の遺伝解析」

4) 藤野賢治・小原真理（2015）「イネ、北海道へ来た道〜北海道在来稲「赤毛」の由来」日本育種学会　第128回講演会　新潟大学

5) 高野 翔、藤野賢治（2015）「現在の北海道品種に引継がれる「赤毛」DNA日本育種学会」第128回講演会　新潟大学

6) 川嶋康男（2012）『北限の稲作にいどむ』農文協

旭（あさひ）

別名：京都旭、朝日（異名同種）

育成者：山本新次郎（1849～1914）

育成年：明治42年（1909）

育成場所：京都府乙訓郡向日町字物集女（現在は向日市物集女町）

育成経過：稲刈りの際、べったり倒れた在来種「日の出」のなかにたまたま倒伏しない1株を見つけたのが、本種誕生のはじまりという。一説には隣接田の「神力」との自然交雑といわれる。山本は当時60歳。翌年、その種子を試作したところ、周囲の稲に比べて多収・良質で熟色もよかった。彼は種子をさらに増やし栽培を続けたが、まもなく近隣の評判になり、種子分与の希望が殺到したため、品種名を「朝日」として分譲した。

　「朝日」が「旭」になったのは、山本が地元京都府農事試験場にこの品種の評価試験を依頼したときからである。同名品種があったため「旭（京都旭）」と改名されたが好成績で、大正9年（1920）には府の奨励品種に指定された。彼はさらに各地の試験場に種子を送り、その評価と奨励を依頼している。「旭」にとりわけ「旭1号」「○○旭」などと、府県試験場育成の純系選抜種が多いのは山本の活動に負うものだろう。

品種の特性：東海近畿以西の晩生種（九州では一部で中生）、稈長中位、中粒。当時の主力品種「神力」より多収とはいえないが、いもち病にやや強く、品質・食味がよい。白葉枯病にはとくに弱い。豊凶の差が少なく、土壌適応性が高く、少肥・やせ地でも一定の収量が得られる。

普及の状況：「旭」が全国的に広く栽培されるようになったのは、大正末から昭和前期にかけてである。この時期、米の販売法が升（容量）売りから秤（重量）売りに変わり、当時の主力種「神力」より大粒で、同容量でより重い「旭」は、搗精歩合のよさともあいまって、米穀商に歓迎された。昭和になると、「神力」を抜いて作付面積全国1位となり、昭和14年（1939）には東海・近畿・中国・四国を中心に580,462haに達している。

育種上の貢献：大正末から昭和前期にかけて、各県でたとえば「旭1号」（三重・山口・佐賀）、「京都旭1号」（静岡・京都・和歌山）、「滋賀旭」「美濃旭」など「旭」の純系選抜

写真4　「旭」の顕彰碑
「朝日稲」と横書きされ、京都府向日市の物集女街道沿いに建つ

による品種が出回った。岡山県では、現在も「朝日米」の名で地域おこしに貢献している。大粒でふくよかな味が、すし米や酒米として歓迎されているからである。

　「旭」を交配親に使った品種には、愛知県育成の「愛知旭」、農林省育成の「農林14・17・21・41号」など。これら品種を経て「旭」の血を受け継ぐ品種としては「千本旭」「金南風」「日本晴」「コシヒカリ」「ひとめぼれ」「ヒノヒカリ」など、現在普及している品種のほぼ100％が「旭」の血をひくといってよいだろう。

顕彰碑：JR東海道線京都駅から西に2駅、向日町駅から徒歩約20分の物集女街道沿いに「朝日稲」碑は建つ。高さ2.6m・幅60cm・奥行き30cmの御影石づくり。大正3年（1914）建立だが周囲はすっかり都市化している。稲作史を変えた田はこの辺にあったのだろう。

〈引用・参考文献〉

1) 池 隆肆（1974）『稲の銘―稲民間育種の人々―』オリエンタル印刷

2) 京都府農業総合研究所（1981）『京都府農業総合研究所80年史』

3) 向日市史編纂委員会（1985）『向日市史』（下巻）

4) 永井威三郎（1957）『実験作物栽培各論』（第1巻）養賢堂

5) 安田 健（1955）「水稲品種の推移とその特性把握の過程」『日本農業発達史』6、中央公論社

荒木（あらき）

別名：荒木白子、伊勢荒木

※「荒木」または「あらき」と呼ばれる同名の品種は少なくとも2品種存在する。仮にこれを「荒木A」「荒木B」とする。

■「荒木A」

育成者：荒木村の土民

育成地：伊賀国阿拝郡荒木村（現在は伊賀市）

育成年：元禄年間

育成の経過：江戸中期の伊勢藩士藤堂元甫（1683〜1762）らが編纂した『三国地誌』には、伊賀国阿拝郡荒木村に荒木種といわれた稲種があって、「繁茂シヤスクシテ実大也故ニ民俗好ミ種ユ元禄年間本邑ノ土民髭小粒ト云黒稲ノ中ヨリ之ヲ出ス依テ荒木白子トモ荒木トモ云」とある。「髭小粒」という在来種からの抜き穂ということだろう。

■「荒木B」

育成者：椎名順蔵

育成年：明治以前？

育成地：千葉県香取郡多古町

育成の経過：農事試験場特別報告[1]に「純粋ナル原産ト称スル能ハサルベキモ多古町ノ椎名順蔵ノ改良セルモノナリ」とある。

　以上、A・Bについて、安田[2]は「後年佐賀地方に栽培をみるいせあらき、あるいは関東地方に広く分布する荒木等とは、何らかの関係が想像される」と述べている。ここからは私見だが、椎名の「荒木」は荒木村の「荒木」を改良したものではないだろうか。

品種の特性：農事試験場特別報告[1]によると、芒は淡黄色、米粒は長形中粒で美しい。関東では中生、それ以西では早生。穂重型で分げつはやや少なく、収量は中位。米は腹白が少なくて光沢があり、品質は極上、見ばえのする品種で共進会などによく出品されたという。

普及の状況：明治28年に京都で開催された第4回内国勧業博覧会には、栃木・群馬・埼玉・山梨の4県で「最も多く栽培される所の種類」として名をあげられている[3]。また明治40年ころには栃木・千葉・埼玉・群馬4県で15,860ha普及していた。明治20年代になって「関取」に置き換わられるまでは、関東ではとくに人気がある品種であった。

育種上の貢献：農商務省農試畿内支場で「神力」「関取」と交配されたが、とくに名を遺す品種は生まれなかった。

〈引用・参考文献〉

1) 農事試験場 (1908)「米ノ品種及其分布調査」『農事試験場特別報告』25号

2) 安田 健 (1954)「稲作の慣行とその推移」『日本農業発達史』2　中央公論社

3) 第4回内国勧業博覧会事務局 (1896)『第4回内国勧業博覧会審査報告　第3部第2編穀菽類 (米)』

い

イ号（いごう）

別名：新イ号

育成者：佐藤弥太左衛門

育成地：山形県西田川郡東郷村大字猪子（現在は三川町）

育成年：明治35年（1902）に変種を抜き穂、明治40年（1907）に命名。

育成の経過：明治35年（1902）に「敷島」と「愛国」を併植した「愛国」の圃場から早熟で白色有芒短稈で、米質良好な変株を発見、翌年これを1本植えし、分離した株のなかから選抜淘汰。明治40年（1907）にその優良系統を「イ号」と命名。のちに佐藤自身が「イ号」が黒みを帯びていることを嫌い、これを除いた「新イ号」を選出[1), 2)]。

品種の特性：早熟で白色有芒短稈で、分げつもやや多く、倒伏難。栽培しやすい。米質良好だが、やや黒味を帯びる。穂首いもち病に強い。

普及の状況：昭和2年以降山形県の最有力品種になり、最大作付面積：東北地方で1,8976ha（1927）[3)]。

育種上の貢献：大正5年（1916）には「イ号」×「早生愛国」の交配で「信友早生」を、大正6年には「亀ノ尾」×「イ号」の交配で「玉ノ井」を育成した。大正10年（1921）、山形農試が系統分離、大正14年（1925）奨励品種。

〈引用・参考文献〉

1) 佐藤藤十郎（1939）「山形県に於ける民間育種の業績」『農業』706号

2) 春日儀夫（1980）『目で見る荘内農業史』鶴岡印刷

3) 鎌形 勲（1953）『山形県稲作史』農林省農業総合研究所

井越早稲（いごしわせ）

別名：井越早稲1号

育成者：井越和吉（1862～1939）

育成年：明治31年（1898）

育成場所：北海道檜山郡泊村（現在は江差町）

育成の経過：桧山と亀田の2郡から13種類の品種を集め翌年この籾を混ぜて栽培し、品種に自然交雑を行なわしめ、開花期から登熟期までは水田に入り、穂を1本ずつ丹念に観察した。開花すると、風のない日は大きなうちわで風を送って交配を促した。こうしてつくった100以上の種類（系統）のなかから3年かけて17種類を選び出した。さらに5年をかけて、できるだけ早生で穂が大きく、低温年にもよく稔る株を選んだ。こうして「井越早稲」が誕生した。

品種の特性：農業生物資源ジーンバンクの特性データベースによると、短稈・偏穂数型で芒が多く、玄米品質は悪い。当時の記録では、ほかの種類より発芽が3日ほど早く、移植後の生育も順調で、出穂が15日も早く結実もよかった。風や害虫にもよく耐えたが、食味が悪い欠点があった。北海道稲作の北進に大きく貢献した品種のひとつで、明治41年（1908）の冷害の年にはほかの品種の倍近い収量をあげ真価を発揮した。

育種上の貢献：明治40年から大正元年の間に農民に分けた種籾は28トンにも達し全道に広まったばかりでなく、当時の朝鮮にまで渡った。非常に悪かった食味を改良するためにもち米を交配し、食味のよい「井越早稲3号」を育成した。明治31年（1898）の冷害で2倍以上の収量を上げた。昭和4年（1929）には作付面積が3,182haとなり、その後減少した。

顕彰碑など：地元では「井越頌徳会」をつくり、北海道庁長官賞を贈るとともに、大正2年（1913）には藍綬褒章が贈られた。江差町水堀町のコミュニティセンターには「井越早生」の育成を称える「井越和吉翁之碑」が建っている。傍らに北海道農試渡島支場が昭和26年（1951）に育成した水稲品種「巴まさり」の顕彰碑も建っている。

写真5　「井越和吉翁之碑」
北海道江差町水堀町に建つ
（斉藤滋氏提供）

〈引用・参考文献〉

1) 柳 卯平 (1965)『北の稲』毎日新聞社

2) 北農会監修 (2008)『記念碑に見る北海道農業の軌跡』北海道協同組合通信社

石白 (いしじろ)

別名：石白坊主 (いしじろぼうず)

育成者：石次郎

育成地：富山県砺波郡

育成年：慶農年間 (1865～1868)

来歴：大日本農会報に投稿された富山県の沢田佐一郎の記事によると、「石白坊主」は同県砺波郡の石次郎が慶応年間に選出したもので、当初は育成者にちなみ「石次郎」と呼ばれていたものが、後に「石白」と呼ばれるようになったとある[1]。

　ただし、加賀藩の古文書によると、すでに1700年代中ごろに「石白 (こくしろ)」名の品種が越中で栽培されていたそうで、以後、加賀・能登・越後・越前に広がったとの記載がある[2]。石次郎が選出したというのは無芒の「石白坊主」で、「石白」はそれ以前から存在したのではなかろうか。

品種の特性：富山県では中の晩生、草丈やや短、茎は細いが分げつは多く、無芒、ふ (稃)先色は帯褐色、収量は中～多、中粒、米質は中[3]。いもち病には弱い。北陸では中生だが、畿内では早生、東北地方では晩生になる。

普及の状況：明治10年代から北陸地方とくに富山・新潟両県を中心に急速に普及し、大正8年には最大栽培面積45,170町に達している[4]。昭和になると「銀坊主」に席をゆずり、姿を消していった。明治後期には「大場」とともに北陸地方を中心に広く栽培されていた。なお大正12年の調査によると、当時日本統治下にあった朝鮮半島でも13,100町が栽培されている。

育種上の貢献：『富山県農業試験場史』によると「本県に古来栽培されつつある主要品種であったから農家の本種に対する注意も異常に高く環境の適応性を利用した数多くの改良も行なわれて改良石白とか石白見出の名で十余種を数え」、さらに「顕かに同系統と思われるものを含めると30に近い」とある[5]。

　育成者・育成年を特定できるものに、大正9年に富山県砺波郡若林村の辻田与三郎が自田の「石白」の抜き穂から育成した「新石白」、大正4年に新潟県農試が「石白」の純系

淘汰で得た同じく「新石白」。また明治30年ころ、富山県東砺波郡中野村の今井宗三郎が「石白」から見出した「改良石白」がある。

〈引用・参考文献〉

1) 沢田佐一郎 (1892)「富山県越中国白石〈ママ〉米産出の起源」『大日本農会報』135号

2) 安田 健 (1958)「加賀藩の稲作」『日本農業発達史』別巻上　中央公論社

3) 安田 健 (1954)「富山県における稲の種類と栽培慣行」『日本農業発達史』2　中央公論社

4) 池 隆肆 (1974)『稲の銘―稲民間育種の人々―』オリエンタル印刷

5) 永井威三郎 (1926)『日本稲作講義』養賢堂

伊勢錦 (いせにしき)

育成者：岡山友清 (旧名：定七) (1789〜1878)

育成地：三重県多気郡五カ谷村大字朝柄 (現在は多気郡多気町)

育成年：嘉永2年 (1849) に変わり穂を発見、万延元年 (1860) に普及に乗り出す。

育成の経過：岡山が61歳の嘉永2年に、この地方で栽培の多かった「大和 (あるいは大和錦)」から変わり穂を発見、11年間試作によってこの品種の優秀さを確認し、普及に移した。

　岡山はもともと鉄砲鍛冶と皮革商を営む家に生まれ、若いときから全国各地を回り、豪商の家の奉公や小間物・茶などの行商を経験している。帰郷後も行商などで家産を増やし、60歳のとき売薬業をはじめるが、このころから農業改良にも興味をもつようになり、ついに「伊勢錦」の育成にたどり着いたという。目先のよく利く人だったのだろう。

品種の特性：草丈高く、分げつは中位、無芒で大粒、品質はよく心白が多いため酒米としても利用される。三重県では9月上旬に出穂、10月末に収穫可能の中稲品種である。関西市場では評価の高い品種であった。

　茎が太く、葉のつやが良好で、基部から先端までの縄径が確保されるため、しめ縄の材料としても栽培されている。明治3年に老農のひとり中村直三はこの品種を「めしにたいてよくふへ (増え)、わら (ワラ) もながく、いたってよき米なり」と称揚している[3]。

普及の状況：岡山は「不二教」という幕末に流行った道学の信者でもあったそうで、それが影響したのだろう。「食の潤沢な供給こそが人生の責務」との信念により、松阪・津・宇治山田に頒布所を設け、伊勢詣での旅人に袋入り種籾を解説付きで頒布した。頒布し

た種子は十数石に達したという。明治後期には三重県・奈良県・和歌山県などでかなり普及していて、大正8年には作付面積16,745haに達したが、倒伏しやすいなどの理由で戦後は多肥栽培に向かず、昭和25年ころには姿を消した。

　特記したいのは、この品種が同時代の品種のなかでもとくに寿命が長いことで、昭和20年代の後半になっても、なお2,000ha近くが栽培されていた。三重県では酒米として、平成18年現在もなお栽培されている。

顕彰碑など：多気町朝柄の多気町役場勢和振興事務所には「岡山友清記念碑」が建つ。近くの勢和郷土資料館には「伊勢錦」と岡山友清のコーナーがあって、関係資料が展示されている。

〈引用・参考文献〉

1) 和崎皓三 (1954)「伊勢農業史序説」『日本農業発達史』2　中央公論社

2) 池 隆肆 (1974)『稲の銘—稲民間育種の人々—』オリエンタル印刷

3) 中村直三 (1865)「伊勢錦」『近世科学思想』上　岩波書店

え

栄吾 (えいご)

育成者：植松（上松）栄吾

育成地：愛媛県温泉郡堀江村（現在は松山市堀江）

育成年：嘉永2年（1849）に稲穂を発見採取。

育成の経過：四国巡礼の途次、たまたま土佐国幡多郡の山谷の古溝に1株の稲が生えているのを発見、強健籾形肥大麗美であったので持ち帰り、さらに米質を改良、同村河内又次郎の援助を得て近隣に広めた。当時、この地方の米は粒形細小で光沢なく、貯蔵にも適さない低質の米が多かった。栄吾は貧農で、他家の役夫などをして生計を立てていたが、これを憂い、稲種改良を自らの一生の事業と定め、慈善家の援助を得て四国巡礼を行ない、この品種にめぐりあったという。

品種の特性：中〜晩生。強稈で風雨に耐える。無芒・長穂、大粒、粒形は肥大白色透明

で光沢あり。貯蔵に耐えるため、米穀市場の評価も高かった。

普及の状況：中国地方に広く普及。とくに地元の愛媛県では和気・温泉・久米の3群を中心に普及。

〈引用・参考文献〉

1) 愛媛県 (1891)『愛媛県農事概要』

2) 大脇正諄 (1900)『米穀論』裳華房

お

大野早生（おおのわせ）

別名：治郎兵衛・寿良平（じろべい）

育成者：阿部治郎兵衛 (1846〜1929)

育成地：山形県東田川郡八栄里村（現在は庄内町大野）

育成年：明治13年 (1880) 育成

育成の経過：不作年であった明治3年 (1870) に、栽培中の自田の品種「甚兵衛」のなかに長さが5寸 (15cm) もある穂を見つけたことにはじまる。阿部はこれを抜き穂し、以後選抜を繰り返して自家用の種子としていたが、近所の知るところとなり、「大野早生」と命名して配布した。命名は育成地の集落名にちなむ。なお明治20年代に須藤吉之助が育成した「早生大野」とは間違われやすいが別種。また「大野1〜4号」も別種で、こちらは大沼作兵衛の育成である。

　ちなみに、治郎兵衛は明治時代に多数輩出した庄内地方の農民育種家のなかでも草分け的存在で、彼の育成した「大野早生」は以後つづく庄内育成品種の先駆け品種といってよいだろう。「亀ノ尾」の阿部亀治は近くに住む治郎兵衛の「大野早生」をみて奮起、自らも品種改良を思い立ったと伝えられる。

品種の特性：早生、中粒、美味で、水害に強い。当時としては多収で、反当2石(300kg/10a)を収穫できた。

普及の状況：明治41年 (1908) の『農事試験場特別報告』には、山形県で「寿良平」の作

付面積が1.6％であったと記されている。また一時は庄内地方の80％（1,920ha）に作付けされていたという話もある[4]。

育種上の貢献：阿部自身が改良をつづけ、乾田馬耕が浸透した明治42年までの間に「大野早生1号」「大野早生2号」「大野早生3号」「大野早生4号」を育成している。

顕彰碑など：庄内町南野の「亀ノ尾の里資料館」には、阿部治郎兵衛を最右翼に、「亀ノ尾」で有名な阿部亀治など7人の水稲育種家の肖像と功績が掲げられている。

〈引用・参考文献〉

1) 春日儀夫（1980）『目で見る荘内農業史』エビス屋書店
2) 池 隆肆（1974）『稲の銘―稲民間育種の人々―』オリエンタル印刷
3) 農事試験場（1908）「米ノ品種及其分布調査」『農事試験場特別研究報告』25号
4) 日野 淳（2001）「阿部亀治と3本の稲穂」『浪漫・亀の尾列島』論創社

大場（おおば）

別名：大場坊主（おおばぼうず）

育成者：西川長右衛門
育成地：石川県河北郡大場村（現在は金沢市）
育成年：文久元年（1861）に変わり穂を発見。嘉永6年（1853）という説もある[4]。
来歴：村内の在来有芒種「巾着」の水田のなかから、より熟期の早い無芒の変異株を見つけたのがはじめである。さっそくその穂から種子をとり、さらに2、3年栽培と選抜を繰り返し育成した。「巾着」より熟期が早く、より多収であったため、次第に近隣農家の知るところとなり、元治元年（1864）にはすでに全村に普及、その後さらに各地に広がっていった。命名は村内の篤農家辻川理兵衛によるもので、育成地の地名にちなむ。「坊主」の別名は無芒に由来する。
品種の特性：草丈は中程度で分げつ多く、北陸地方では中生種、秋田県では晩生種（「愛国」と同程度）にあたる。茎葉のなびく姿勢が「神力」に似ている。ただし耐肥性に難があり、ごま葉枯病には比較的強いが、いもち病・菌核病に弱く、メイ虫被害も多い。心白・腹白が多く、品質はそれほどよくないが、やや大粒であり酒米にも用いられた。昭和初頭になると、より強稈で病虫害に強い「銀坊主」などにとって代わられ、次第に消えていった。
普及の状況：やや遅れてやはり富山県で生まれた「石白」とともに、北陸・東北地方に

普及した。品質と多収性を兼備しているため「神力」「愛国」同様、市場の受けもよく、明治末から大正にかけて栽培面積を増やした。『農事試験場特別報告』によれば、明治41年（1908）当時、山形・新潟・富山・石川・福井の各県で合わせて50,938.5haが栽培されていたという。大正8年（1919）には全国作付面積が最高51,424haに達している。

育種上の貢献：「東郷2号」（1901年変種発見、「大場」の純系淘汰種）、「森多早生」（1913年変種発見、「東郷2号」の純系淘汰種）、「農林1号」（1931）を経て、「コシヒカリ」「ひとめぼれ」「ヒノヒカリ」「あきたこまち」など、今日の良食味品種の多くにつながる先祖品種のひとつである。

顕彰碑など：金沢市大場町には「西川長右衛門翁之碑」が建っている。

〈引用・参考文献〉

1) 農事試験場（1908）「米ノ品種及其分布調査」『農事試験場特別報告』25号

2) 安田 健（1955）「明治期における官府の稲作指導」『日本農業発達史』5　中央公論社

3) 永井威三郎（1925）『日本稲作講義』養賢堂

4) 安田 健（1958）「加賀藩の稲作」『日本農業発達史』別巻上　中央公論社

雄町（おまち）

別名：二本草（にほんぐさ）・渡船（わたりぶね）

育成者：岸本甚造（1789〜1866）

育成地：岡山県上道郡高島村字雄町

育成年：慶応2年に選出とする説と明治2、3年育成とする説[1]の2説がある。

育成の経過：通説では、岸本が安政6年（1859）に、伯耆大山に参拝した帰路、道端の水田で採取した穂が起源で、以後みずからの田で数代にわたり抜き穂を繰り返し、慶応2年に選抜を終えたといわれる。最初は「二本草」と名づけて周辺の人に配布したが、後に育成地にちなんで「雄町」と呼ぶようになったといわれる。

　ただしこれには異説があって、農事試特別報告（1908）には「本種ノ選出者ハ岡山県上道郡高島村字雄町岸本甚造ナリ

写真6　「雄町米之祖岸本甚造翁碑」
岡山市中区雄町の生家前に建つ

同氏嘗テ伯耆ノ大山ニ参詣セシカ途中二本ノ良穂ヲ認メ之ヲ持帰リテ二本草ト命名セリ此レ明治二、三年頃ニシテ雄町ノ起源トス」と記述した上で、さらに「一説ニハ明治二、三年頃服部平蔵ナルモノ二本ノ良穂ノ選出シテ二本草ト命名セシモノ即チ雄町ノ原種ナリトモ云フ」とある。いずれが妥当かは判断に迷うが、岸本を育成者とすると、彼は慶応2年に亡くなっており、明治2、3年の育成はあり得ないことになる。

品種の特性：関東では晩生、近畿・山陽では中晩、四国・九州では中生にあたる。稈長は117.8cmと長く、分げつは11本ほどと少ない。芒は多く中〜長であるが、ところによってはないものもある。米粒は大粒で心白が多く、米質は上の上、酒米として評価が高い。病害の発生は少ない。

普及の状況：寿命の長さでは日本一の品種だろう。明治から大正・昭和初年にかけて、関東から関東以西の西日本で広く栽培され、各地で奨励品種に採用された。明治40年ころには113,311ha栽培されていたという。日本統治下にあった旧朝鮮では大正末には41,343haが栽培されていたという。戦後は新品種の普及で一時衰退したが、現在も酒米として新潟・群馬・岐阜・岡山・広島・香川・福岡などの各県で重用されている。平成29年3月の調査でも、岡山県では「雄町」が、島根・広島両県では、「改良雄町」（比婆雄町×近畿33号）がそれぞれ奨励品種になっている[5]。また平成11年（1999）には全国作付面積が近年の最高で585haに達している。

育種上の貢献：「兵庫雄町」「伊予雄町」「大分雄町」など、各県農試が「雄町」から純系選抜した品種、片親に人工交配した品種は多い。とくに「福岡県ノ雄町ヲ滋賀県ニ於テ改良セルモノ」[1]といわれる「渡船」は、四国・九州のほかアメリカ西海岸にも普及し、大正6年ころにはカリフォルニア州の稲の5割を占めている。また1920年代から同地の人気品種となった「カロロCaloro」は「渡船」の変異種「早生渡船」の純系選抜品種であり、さらにその血を引く「カルローズCalrose」の育成にもつながっている[4]。これもまた源は「雄町」に発する品種というわけである。

　また、酒米として「雄町」とともに評価の高い「山田錦」は、昭和11年（1936）に兵庫県農事試験場が「渡船」からの突然変異種と思われる「短稈渡船」に「山田穂」を交配して育成した。農林省でも、昭和10年（1935）に「農林糯5号」が「神力糯」×「雄町」の交配で育成されている。

顕彰碑など：岡山市中区雄町、東岡山駅から1.9kmの生家の前に「雄町米之祖岸本甚造碑」が建っている。近くには環境庁の名水100選に選ばれた雄町の冷泉がある。「雄町」はこうした水にも恵まれた環境が育ったのだろう。

「渡船」についての注：なお「渡船」については、ここでは「雄町ニ比シ異品種ト認ムヘ

キニ至ラス」とする通説にしたがって「雄町」の異名とした。滋賀県農試が福岡県の「雄町」の純系淘汰によって得た異品種とする説[6]もある。

〈引用・参考文献〉

1) 農事試験場 (1908)「米ノ品種及其分布調査」『農事試験場特別研究報告』25号
2) 池 隆肆 (1974)『稲の銘—稲民間育種の人々—』オリエンタル印刷
3) 永井威三郎 (1957)『実験作物栽培各論』養賢堂
4) 八木宏典 (1992)『カリフォルニアのコマ産業』東京大学出版
5) 前重道雄・小林信也 (2000)『最新日本の酒米と酒造り』養賢堂
6) 森脇 勉 (2003)「イネ在来種"渡船"を再考する (1) (2)」『農業技術』58 (11) 号

か

亀治 (かめじ)

別名：蔵本（くらもと）・ツリナシ・散無し（ちりなし）・日ノ出（ひので）

育成者：広田亀次 (1839〜1896)

育成地：島根県能義郡荒島村 (現在は安来市)

育成年：明治8年 (1875)

育成の経過：明治3年に晩稲「縮張」から抜き穂し、以後選抜をつづけて明治8年に選出した[1,2]。山陰はレンゲ栽培が多く、加えて冷水灌漑や日照不足のため稲が軟弱化し、いもち病が多発したため、亀次はそれに耐えうる耐病虫品種を求めて努力を重ね、ついにこの品種の育成に成功したといわれる。

品種の特性：いもち病には強いが白葉枯病には弱い。脱粒難で「ツリナシ」「散無し」の品種名はこれに由来する。島根県では晩生で10月下旬から11月にかけて収穫時期となる。穂重型で草丈・茎数とも中位、稈は太く強稈、倒伏難

写真7　広田亀次翁の銅像
昭和26年にJR荒島駅近くに再建された

である。無芒で粒は中の大、脱粒難。いもち病に強く西南日本のいもち病多発地帯で好評を博した。

普及の状況：大正から昭和10年代にかけて、山陰を中心に中国各県に普及し、昭和7年に最大普及面積41,717haに達している。いもち病抵抗性強の特性が買われ、長野県や畿内・北九州の山地で広く栽培された。

育種上の貢献：とくにいもち病抵抗性が評価され、明治末に農事試験場畿内支場は交配育種では、「畿内早8号」（「福山」×「亀治」）、「畿内晩37号」（「神力」×「亀治」）などの育成に用いられている。

　「亀治」を親にもつ品種のなかで特筆しておきたいのは、当時日本統治下にあった台湾で昭和2年（1927）に育成された「台中65号」（「亀治」×「神力」）についてである。昭和10年ころには二期作栽培の1、2期作を合わせて200,000haが栽培されていた[3]。「台中65号」は沖縄県でも基幹品種となり、昭和30年には1期作の72.5％、2期作の68.9％、合わせ13,600haが栽培されていた[4]。

　「亀治」の血を引く品種はさらに広がる。1965年にマレイシアで日本人専門家によって育成された「マスリ Mashuri」（「Mayang Ebos80」×「台中65号」）は、1973年には一期作、二期作栽培の合計普及面積が194,000haに達し、さらにバングラデシュで品種名を「パジャム Pajam」と変え1,310,000ha、インドで710,000ha、ミャンマーなどで80,000～100,000ha普及している。

　日本産水稲品種のなかで、これほど子孫を海外にまで繁栄させた品種は、在来品種はもとより、近年の改良品種も含めて、ほかにないだろう。

顕彰碑など：安来市荒島の国道9号線のすぐわきに国道に面して広田亀次の銅像が建っている[1]。

〈引用・参考文献〉

1) 池 隆肆（1974）『稲の銘―稲民間育種の人々―』オリエンタル印刷

2) 日本農林漁業振興会（1968）『農林漁業顕彰業績禄』

3) 盛永俊太郎（1954）「育種の発展」『日本農業発達史』9　中央公論社

4) 山川 寛ほか（1977）「マレイシアにおける2期作用水稲品種、マリンジャ、マスリ、バハギャの育成に関する研究」『熱帯農業』21 (1)

5) 河上潤一郎（1922）「バングラデシュの水稲"パジャム"」『AICAF専門家通信』12 (6)

亀ノ尾（かめのお）

別名：新坊（しんぼう）

育成者：阿部亀治（1868〜1928）

育成地：山形県東田川郡小出新田村（現在は庄内町）

育成年：明治26年（1893）

育成の経過：冷害がひどかった明治26年（1893）のこと。参詣に訪れた隣村立谷沢村の熊谷神社近くの水田の冷立稲のなかに、わずかに稔った3本の穂を見出したのがこの品種のはじまりであった。

　冷立稲とは、この地方で冷水がかりの水口に植える耐冷性稲のこと。耐冷性にすぐれた「惣兵衛早生」という品種が植えられていたというが、この年はその冷立稲も稔らぬほどの大冷害であった。

　亀治はこのわずかに稔った穂を持ち帰り、この種子から育った稲の選抜を4年間つづけ、明治30年に「亀ノ尾」育成にたどり着いた。奇妙な品種名は、友人の太田頼吉が「亀ノ王」（亀治がつくった稲の王）と名づけたものを、謙遜した彼が王を尾に訂正したものであるという。

　なお、亀治は「亀ノ尾」の育成のほか、当時の新技術乾田馬耕や除草器「雁爪」の導入にも熱心で、とくに土地改良では同志とともに耕地整理組合を組織し、最上川左岸650haの耕地整理・乾田化を成し遂げるなど、庄内農業の振興にも大きく貢献している。

育成者・育成経過に関する異説：『農事試験場特別報告』には、明治26年に大和村の斎藤亀吉がやはり立谷沢村の冷立稲から選出、はじめ「新坊」と名づけたが、後に太田頼吉が「亀ノ尾」と命名したとある。永井『日本稲作講義』もこれを引用している。なにかの間違いだろう。

品種の特性：草丈はやや高く、分げつは中程度、稈は弱くて倒伏しやすい。早生で多収で良食味である。冷害には強いが、いもち病には弱かった。穂は無芒で、粒はやや大、腹白がやや多く、品質は良好で酒米にも適した。秋田・山形の平野部では中生だが、青森・岩手の北部ではやや晩生になる。

普及の状況：明治末から大正にかけて福島県以外の東北各県で広く各地で栽培され、秋田県では明治45年から昭和

写真8　「稲種亀之尾選出者阿部亀治翁」頌徳碑
庄内町小出新田の八幡神社境内に建つ

17年まで、山形県では大正3年から昭和15年まで奨励品種に選定されている[4]。大正8年（1919）には158,888ha、大正14年（1925）には158,683haに及んだ。当時日本統治下にあった朝鮮半島まで含めれば最高200,000haに達したという。残念ながら、耐病性・耐冷性が不十分であったため、昭和6、9年の冷害を境に「陸羽132号」など後継品種に席を譲っていった。

「亀ノ尾」が農家に歓迎された背景には、当時東北で急速に普及しつつあった乾田馬耕技術があった。耕起をスキ・クワの人力に頼っていた時代のこの地方では、常時水田に水を張り土壌を軟らかく保持することが必要であった。この場合は土への酸素の供給が絶たれ、根の張りも表層だけにとどまる。明治20年代に導入された乾田馬耕による深耕は魚肥・油粕などの施肥技術ともあいまって多収にむすびついたが、同時に旧来の品種の退場を招く結果になった。乾田化された水田では乾土効果による窒素の有効化が進み、耐肥性・耐病性を有しない旧来の品種では対応ができなくなったのである。「亀ノ尾」はこうした状況の東北に現われたまさに乾田馬耕用品種であったといってよい。

「亀ノ尾」はまた、日本統治下にあった朝鮮でも広く栽培され、最盛期の昭和7年（1932）には110,000haに達している。

育種上の貢献：明治末から大正初年にかけて東北各県と新潟県の各農試で育成された「亀ノ尾」からの純系淘汰種は多く、「亀ノ尾1号〜10号」などと名づけられた。交配育種がはじまった明治末からは、耐冷性や良質米育成の交配親として大いに重用され、「陸羽132号」をはじめ「農林1号」「農林17号」などの育成に貢献した。今日の「コシヒカリ」「ひとめぼれ」「ヒノヒカリ」「あきたこまち」など、多くの良食味品種がこの品種の血を受け継いでいる。

また酒米としても評価されていて、「亀ノ尾」の血をひく系統に、現在も東北・北陸各県で酒造好適米とされる「美山錦」「五百万石」「たかね錦」などがある。

顕彰碑など：現在は庄内町に含まれる小出新田の八幡神社には「稲種亀之尾選出者阿部亀治翁頌徳碑」が建っている。亀治が「亀ノ尾」を試作した田はこの神社の前にあったという。碑の揮毫はわが国農学の開祖で東京農業大学の創始者でもある横井時敬による。

ここからさらに立谷沢川ぞいに車で30分ほどさかのぼると、熊谷神社がある。亀治はこの近くの田の冷立稲から「亀ノ尾」を発見したのである。境内に「亀の尾発祥の地」の記念碑が建っていた。

〈引用・参考文献〉

1) 池 隆肆（1974）『稲の銘―稲民間育種の人々―』オリエンタル印刷

2) 佐藤藤十郎 (1939)「山形県に於ける民間育種の業績」『農業』706号

3) 井上晴丸 (1953)「農業における日本的近代の形成」『日本農業発達史』1　中央公論社

4) 佐野稔夫 (1956)「東北地方に於ける水稲品種に関する研究」『宮城県農試報告』第22号

5) 農事試験場 (1908)「米の品種及その分布調査」『農事試験場特別報告』25号

6) 永井威三郎 (1926)『日本稲作講義』養賢堂

き

衣笠早生（きぬがさわせ）

はじめに：今ではみられなくなったが、昭和30年代中ごろまで高知県を中心に、暖地の各県では水稲二期作栽培が普及していたが、「衣笠早生」はその二期作栽培の第1期作用の超早生品種であった（なお、第2期作用の品種は「相川」である）。

育成者：吉川類次 (1858〜1927)

育成地：高知県長岡郡衣笠村（現在は南国市）

育成年：明治32年 (1899)

育成の経過：明治28年に十市村の鍋島菊太郎が二期作栽培の第1期作（1番稲）用品種をつくろうと栽培中の「出雲早生」のなかからとくに早熟な変異株を見つけて3年間育てたが結果は思わしくなかった。その種子をもらい受けたのが吉川で、その大変変異の大きい稲のなかからとりわけ早生の個体を見つけて選抜固定し、明治32年に育成に成功した。育成中も、第1期作用の極早生づくりであったため雀の被害がたいへんで、これを避けるため家族一同で雀追いに励んだという話が残っている。「衣笠早生」の品種名は、昭和44年に高知県農事試験場が命名した。

品種の特性：極早生。感温性が極端に高く、その割に感光性も高い。穂重型品種である。高知県では4月下旬〜5月上旬に移植すれば7月下旬〜8月上旬に収穫可能である。

写真9　「衣笠早生」の育成者「吉川類次顕彰碑」
南国市大篠の国道55号沿いに建つ（中村幸生氏提供）

稈長はかなり伸びるが強稈で倒伏しにくい。不稔が多く、米質はよくなく、食味も劣る。

普及の状況：大正3年（1914）に長岡郡長岡村の井口宗吉（宇吉）が「相川」との組み合わせで二期作栽培に成功したことから、高知県を中心に二期作栽培用稲の第1期作用として普及し、昭和7年（1932）には後述の純系選抜系統「衣笠早生121号」が最大普及面積6,645haに達している。太平洋戦争中は人手不足で減少したが、戦後になって昭和36年（1961）には4,320haにまで回復し、昭和40年代の米余りとともに姿を消していった[3]。

　興味深いのは、その極端な早熟性が買われ、戦前の旧満州（中国東北地方）でかなり広く栽培されていたことである。「嘉笠」の品種名で栽培されていたようだが、昭和15年（1940）には満州中部（緯度では青森〜室蘭）で6,744haが栽培されていたという[4]。

育種上の貢献：「庄撰」は大正2年（1913）に高知県香美郡岩村の田所庄太郎が「衣笠早生」から選抜した。「衣笠早生121号」は大正7年より高知県農試が「衣笠早生」から純系選抜を行ない、大正9年（1920）に奨励品種に採用した[5]。

顕彰碑など：昭和7年（1932）、南国市大篠の国道55線道路脇に、吉川類次の功績を称えて米粒の形をした顕彰碑が建立されている。

〈引用・参考文献〉

1) 日本農林漁業振興会（1968）『農林漁業顕彰業績禄』日本農林漁業振興会

2) 池 隆肆（1974）『稲の銘―稲民間育種の人々―』オリエンタル印刷

3) 池上 亘（1998）「近代土佐の2期作の盛衰」『土佐史談』209号

4) 盛永俊太郎（1971）「満州の稲と稲作（2）」『農業』1043号

5) 農商務省農務局（1935）『農事改良資料』第97

銀坊主（ぎんぼうず）

別名：銀坊主晩生（ぎんぼうずおくて）

育成者：石黒岩次郎（1860〜1923）

育成地：富山県婦負郡寒江村（現在は富山市）

育成年：明治40年（1907）

来歴：石黒が48歳のとき、はじめてつくった施肥過多の「愛国」の田に、1株だけ倒れない稲を発見したのがこの品種のはじまりである。よくみると周囲の稲に比べて稈も太く穂の数も多い。この年はいもち病が多発したが、それにも侵されていなかった。そこ

でさっそく穂を持ち帰り、翌年試作をしてみると、株張り
もよく多収であった。石黒はその後この品種の栽培をつづ
けるとともに、品種名を「銀坊主」と名づけ、近隣の農家
に種子をも分け与えた。品種名の由来は、「愛国」は芒が赤
くみえるが、本種は芒がなく籾が白っぽく輝いてみえたか
らといわれる。彼はもともと研究熱心な農家で、自分でも
品種試験や肥料試験を試みていたそうで、そんな熱心さが
この品種を生んだのだろう。

写真10　「銀坊主」の育成者「石黒岩次郎翁碑」
JR北陸本線の富山駅から4kmほど、線路脇に建つ

品種の特性：「愛国」に比べ晩生だが、強稈で穂数も多く、
多収であった。中粒種で品質は中位、食味はそれほどよく
ない。ただし当時の北陸地方の品種としては、耐肥性に最
もすぐれ、強稈で、いもち病にとくに強かったため、後述する「銀坊主中生」と併せて
広域に普及し、米種の統一をのぞむ市場によろこばれた。

普及の状況：大正10年（1921）に富山県で奨励品種に編入されて以降急速に普及した。
「銀坊主」は日照不足や冷水灌漑の裏日本のレンゲ後や湿田でもよく穫れる。昭和にな
って、化学肥料が出回りはじめると、多肥条件やいもち病にも強いこと、また短日感応
度がかなり高いことから、とくに北陸・山陰の湿田地帯の農家によろこばれ栽培面積を
伸ばした。搗精歩合が高く市場の評判がよいことも、普及を後押しした。ちょうど農村
恐慌が吹き荒れた時期であるが、その逆風をしのぐのにこの品種が果たした役割は大き
い。昭和14年（1939）には北陸から山陰、九州の山間部にかけて普及し、全国4位、作
付面積142,472haに達している。当時、朝鮮半島でも盛んに栽培された。中国天津付近
では、昭和30年代になっても「銀坊」などと呼ばれ栽培されていたという。

育種上の貢献：原種は晩生であったが、大正8年以降、富山県農試が純系選抜を行ない、
熟期が半月ほど早い中生種を育成し「銀坊主中生」と名づけた。ほかにも「銀坊主38号」
「銀坊主88号」「銀坊主」からの突然変異種「短銀坊主」などがある。
　「銀坊主」を片親にもつ交配品種は「農林8号」「農林13号」「農林15号」「農林43号」
など数多い。なかでも「農林8号」は傑出していて最高作付面積は82,397ha（1951年）に
達し、その子孫からは「農林22号」「ササシグレ」「コシヒカリ」「ササニシキ」など、多
くの優良品種が生まれている。

顕彰碑など：JR北陸本線の富山駅から西へ4kmほどの線路脇に、円盤状の石碑が建っ
ている。水稲「銀坊主」を発見した石黒岩次郎を顕彰する碑である。碑は自然石を積み
あげた台座の上にあって、周囲を植樹で囲まれている。わたしは過去にここを2度訪問

したが、いつもきれいに清掃されていて、感銘を受けた。先人を敬慕する想いが、今も受け継がれているのだろう。

〈引用・参考文献〉

1) 池 隆肆 (1974) 『稲の銘―稲民間育種の人々―』オリエンタル印刷

2) 高島弥一 (1929) 「本州中部地方に於ける最近の主要稲種銀坊主の系統に就て」『農業』582号

3) 手島新十郎 (1936) 『多収穫米作法』養賢堂

黒毛（くろげ）

育成者：牧竹次郎

育成地：北海道上川郡東川村（現在は東川町）

育成年：明治34年 (1901)

育成の経過：「赤毛」から早熟な株を選び出して育成。

品種の特性：8月上中旬に出穂し、9月中旬には収穫できた。草丈はやや短かく、分げつはやや多い。暗褐色の長芒を有する。「赤毛」や「坊主」よりさらに早熟である。米粒の大きさは中位、品質は中の下、多収だがいもち病に弱い。

普及の状況：「魁」「十勝黒毛」とともに、北海道でも網走・十勝・留萌など冷害危険度の高い周縁地帯のいわゆる「限定作付品種」として重用された代表的な品種である。「赤毛」「坊主」などという主力品種のほかに、こうした限定作付品種が大きな役割を果たしたことを忘れるわけにはいかないだろう。作付面積からみると限られているが、開拓時代の北海道稲作で忘れてはならない品種である。

顕彰碑など：東川町西4号北39番地に「水稲発祥の地」の碑が建っている。明治29年 (1896) にこの地で稲作がはじまったことを記念したものだが、年代的にもよく符合する。「黒毛」はその5年後にこの地で生まれたのだろう。

〈引用・参考文献〉

1) 盛永俊太郎「北海道の稲作発展と稲の種類」『日本農業発達史』9　中央公論社

2) 岡部四郎 (2004)「北海道における水稲品種改良」『昭和農業技術への証言』第3集

3) 北海道農試北農会 (1941)『農作物優良品種特性一覧』北海道農試

郡益 (ぐんえき)

別名：万歳 (ばんざい)

育成者：小村由太郎

育成地：島根県簸川郡布智村字芦渡 (現在は出雲市)

育成年：明治23年 (1890)

育成の経過：明治19年 (1886) に島根県能義郡より「母里早生」の種子を取り寄せ栽培したなかから大粒の穂を選出して改良の結果、明治23年 (1890) に原種とはまったく異なる新品種に育成した。

品種の特性：早生で草丈は低いほう。分げつは少ないが、強稈である。いもち病など多くの病気に強い。米の光沢が美しく米質良好で搗精歩合よく腹白が少ない。自家消費用の米に適する。ワラの品質もよくワラ細工に適する。品種名は当時目標にされていた輸出用米としては不向きで国益にはならなくとも地方を益する郡益なるの意。

普及の状況：明治28年 (1895) の第44回内国勧業博覧会に出品したところ有功3等賞を受賞したため、全国から種子の請求が多く、各地に普及した。大正天皇の即位を祝い、大正3年 (1914) に愛知県で挙行された大嘗祭に供するための悠基田に栽植されたため、以後品種名を「万歳」とも称した。

育種上の貢献：愛知県農試において「愛知早稲1号」(「器良好」×「万歳」) を育成。さらにこれに京都旭を交配、大正11年 (1922) に「早生旭」を育成。台湾総督府台北農試が大正15年 (1926) に「台北68号」(「亀治」×「郡益」) を育成。

〈引用・参考文献〉

1) 藤原勇造・伊藤権一郎 (1915)「稲種郡益の来歴」『農業』409号

2) 愛知県立農事試験場 (1916)『県下の稲種』

こ

穀良都 (こくりょうみやこ)

育成者：伊藤音市 (1855〜1912)

育成地：山口県吉敷郡小鯖村 (現在は山口市)

育成年：明治22年 (1889) と明治23年 (1890) の2説がある。

育成の経過：既存品種の「都」から、成熟期のより早い品種の選出を願って数年系統選抜をつづけ、この品種を得た。育成者の伊藤は品種改良にとくに情熱をもっていたらしい。「穀良都」のほかにも「音撰」「光明錦」など5品種を育成している。

品種の特性：無芒で草丈は高い。分げつは少ないほう。大粒で心白が多く品質がよいため、明治20〜30年代に大阪市場で評価が高く、輸出米・酒米としても重用された。成熟は「都」に比べ2週間ほど早い。耐病性は強い。

　嵐[2]は「都」「白玉」「雄町」などとともに、西日本産のこのグループの品種を「穂重型大粒系中稲」と呼び、これが藩政時代以降「神力」が出現するまでの「関西市場大粒米時代」を画してきたと述べている。

普及の状況：大正時代に中国地方を中心に西日本全域、東は関東まで広く普及していて、純系選抜品種も含めれば大正8年 (1919) に最高32,226haにまで達している[3]。大正4〜8年山口県奨励品種。

　日本統治下の朝鮮でも京畿道以南では広く栽培され、大正12年から昭和12年の最盛期には300,000haを超え、とくに昭和5年には460,000haに達している。ちなみに、朝鮮米としての「穀良都」の大量移入が大阪市場を脅かし、「旭」の普及を早めたといわれる[1]。

育種上の貢献：各県で純系選抜種を育成。大正12年 (1923) に日本統治下にあった朝鮮半島で最も栽培面積の多かったのは「穀良都」で、半島の中部以南に301,218haが栽培されていた[3]。

顕彰碑など：山口市小鯖の小鯖地域交流センター (旧小鯖村役場) に「伊藤音市翁功績碑」が建っている。建立は昭和3年、碑面には彼が「穀良都」を育成した経過が600字ほどにわたって記され「防長米ノ声価ヲシテ隆々タラシメタリ」と称えている。

〈引用・参考文献〉

1) 池 隆肆 (1987)「山口県の稲民間育種の人々②」『農業技術』42 (3)

2) 嵐 嘉一 (1955)『近世稲作技術史』農文協

3) 永井威三郎 (1926)『日本稲作講義』養賢堂

小天狗 (こてんぐ)

別名：伊勢穂 (いせほ)

育成者：広川乙吉 (1866〜不明)

育成地：広島県芦品郡広谷村 (現在は府中市)

育成年：明治35年 (1902) [1]。明治22年 (1889) ころ [2] とする説、明治42年 (1909) ころ [3] とする説もある。

育成の経過：明治32年 (1899) ころに、広川乙吉が同県御調郡市村から持ち帰った極晩生の品種名不詳の稲と「雄町」と「神力」を10aほどの田に混植し、その自然雑種の中から株張りと穂状の良好なものを選び、さらに粒選をしたうえ、以後集団選抜を行ない明治35年に育成した。

品種の特性：晩生、分げつ中位、草丈中、粒付き中、無芒、ふ (稃) 先と穎が黒褐色。大粒で品質上。いもち病にやや強く、ウンカの被害が少ない。

普及の状況：広島県で大正7〜8年 (1918〜1919) の間奨励品種、大正8〜昭和8年 (1919〜1933) は「小天狗8号」が奨励品種、最高作付面積は昭和2年 (1927) に10,650haであった [1]。

育種上の貢献：「小天狗8号」：広島県農試が大正8年 (1919) に純系選抜法によって育成。「広島晩生1号」：広島県農試が昭和9年 (1934) に交配育種 (「小天狗8号」×「雄町8号」) で育成。「喜多穂」：昭和8年に広島県農試が交配育種 (「出雲」×「小天狗8号」) で育成。「土佐1号」：高知県農試が昭和22年に交配育種 (「讃岐神力」×「小天狗8号」) で育成。

〈引用・参考文献〉

1) 住田克己・上田一雄 (1954)「広島県農業史」『日本農業発達史』4　中央公論社

2) 池 隆肆 (1974)『稲の銘―稲民間育種の人々―』オリエンタル印刷

3) 手島新十郎 (1936)『多収穫米作法』養賢堂

さ

魁（さきがけ）

育成者：角田作右衛門

育成地：北海道上川郡氷山村（現在は旭川市）

育成年：明治41年（1908）ころ

育成の経過：「角田作右衛門が鷹栖村（現在は鷹栖町）より取り寄せた」[1] とあるが、原品種は不明。

品種の特性：8月上中旬に出穂し、9月中旬には収穫できた。草丈はやや短、分げつはやや多く、芒は「黒毛」より短いが、やはり暗褐色の長い芒を有する。当時の北海道の品種の最早熟種であったが、穂揃いは悪く、品質は下のなかで収量も少なかった。

普及の状況：「黒毛」「十勝黒毛」とともに、北海道でも網走・十勝・留萌など冷害危険度の高い周縁地帯のいわゆる「限定作付品種」として栽培された。作付面積からみると限られているが、開拓時代の北海道稲作では欠かせない品種である。

育種上の貢献：大正13年（1924）に北海道農試が育成した交配品種第1号の「走坊主」（「魁」×「坊主」）が有名である。

〈引用・参考文献〉

1) 北海道農試北農会（1941）『農作物優良品種特性一覧』北海道農試

2) 盛永俊太郎「北海道の稲作発展と稲の種類」『日本農業発達史』9　中央公論社

3) 岡部四郎（2004）「北海道における水稲品種改良」『昭和農業技術への証言』第3集

敷島（しきしま）

育成者：工藤慶次郎（吉郎兵衛の幼名）

育成地：山形県西田川郡京田村（現在は鶴岡市）

育成年：明治37年（1904）に抜き穂、明治41〜42年（1908〜1909）に命名

育成の経過：交配を試したが失敗、そこで2haほど「愛国」を栽培し、その田んぼのなかから最も早く出穂成熟した株を抜き穂し、その後収量・米質に着眼して選抜淘汰を行ない、育成した。育成者の工藤吉郎兵衛は「福坊主」など人工交配品種の育成者として有名だが、「敷島」はそれ以前の彼の若き日の初期の作品である。

品種の特性：「亀ノ尾」に比べ耐肥性・耐病性にまさるが、収量性ではやや劣る。稈長は中位、強稈多げつで増肥多収向き。当時の庄内の稲品種のなかでは穂数型である。

普及の状況：山形県内で大正のはじめから栽培がみられるようになっていて、大正10年には最高1,322haに達している[3]。

育種上の貢献：明治43年（1910）に、工藤自身が「信州金子」「亀ノ尾」と交配して、「黄金島」「三重成」「玉篇」などを育成している。

顕彰碑など：（62ページ「福坊主」の項参照）

〈引用・参考文献〉

1) 農事試験場（1908）「米ノ品種及其分布調査」『農事試験場特別研究報告』25号

2) 佐藤藤十郎（1939）「山形県に於ける民間育種の業績」『農業』706号

3) 忠鉢幸夫（1965）『荘内稲づくりの進展』農村通信社

地米（じごめ）

育成者（改良者）：松田泰次郎

育成地（改良地）：北海道亀田郡大野村（現在は北斗市）

**写真11 「北海道水田発祥
之地」の碑**
旧亀田郡大野村（北斗市）に
ある （佐々木多喜雄氏提供）

育成（改良）年：明治初年

育成の経過：「地米」については、2段階に分けてみる必要が
ある。まず第1の「地米」は、天保初年に青森県から北海道
亀田郡大野村に導入された「地米」。最も早く北海道に導入さ
れた品種である。第2の「地米」はこれから再選抜された「地
米」。最初の「地米」がその後、内地からつぎつぎに導入され
た品種が混入し雑ぱくになっていたものを、明治初年に松田
泰次郎が改良し、改めて「地米」（白芒）として作出した。

品種の特性：晩熟で、栽培は温暖な道南の渡島地方に限られ
る。一説に、やはり大野地方で栽培されていた「白ひげ」も「地
米」と同種とみる意見もあるが、「白ひげ」は「地米」に比べ
芒がやや長く、白色を呈し、やや晩熟であるという。

普及の状況：明確な数字は明らかでないが、各地で改良種が
つぎつぎに育成されていることからみても、明治初期の道南
ではかなり栽培されていたのだろう。

育種上の貢献：明治20年ころ、やはり同じ大野村の西川初蔵とその子幸太郎が「地米」
から「旭（一名：日ノ出）」を選出。明治33年には松田が「地米」から、さらに「松田早稲」
を選出。大正3年に佐藤万太郎が「万太郎米」を選出。

顕彰碑など：「地米」の碑ではないが、旧大野村（現在は北斗市文月）に「北海道水田発
祥之地」碑が建つ。

〈引用・参考文献〉

1) 高橋良直（1911）「渡島地方に於ける水稲品種の起源（上・下）」『北海道農会報』11（7・9）
2) 盛永俊太郎（1953）「北海道の稲作発展と稲の種類改良（1）」『農業技術』8（5） 農業技術協会
3) 星野達三編（1994）『北海道の稲作』北農会

十石（じっこく）

別名：有明十石（ありあけじっこく）、岡（おか）1号

育成者・育成年・育成場所：いずれも不明。育成地は福岡県筑後地方か？

再発見の経過：同名の在来品種が徳島県・宮崎県で採集された記録はあるが、福岡県筑

後地方に多く、世に出たのは昭和初期ではないか、とされる。昭和28年（1953）に、山川　寛が交配母本として九州の在来品種を収集・調査している過程で再発見し、報告した。山川が土地の古老から聞き出した話で、ルーツを島根県とする説もあるが、残念ながら明らかでない。

品種の特性：短稈で穂が大きく穂数も多く、耐病性がなく玄米品質はすぐれないが食味はよく、耐肥性があり倒伏に強く、とくに多収であった。短稈化による倒伏の防止は暖地水田稲作の重要な課題であった。葉身の幅が広く葉立ちがよく、止葉が穂の上に大きく出て光合成に有利なすぐれた草型をしていた。

普及の状況：昭和26年（1951）に福岡市八女市の安達重登が「十石」を栽培した水田を多収穫競作に出品し優秀な成績をとり、福岡県と佐賀県で栽培面積が広がった。とくに筑紫平野東南部の肥沃地に栽培が集中し、福岡県三潴郡では最高63％、佐賀県三養基郡では92％の水田に栽培された。当時全国的に繰り広げられた朝日新聞主催の「米作日本一競励会」では、昭和30年に福岡県三潴郡大木町の農家が九州ブロック第1位に輝いている。なお、九州地方以外の地域で栽培されていたいわゆる「十石」は、九州で栽培されていた「有明十国」とは特性が異なることがわかった。最高作付面積は17,188ha（1961）

育種上の貢献：短稈・多げつ・長穂で倒伏しにくく葉立ちのよい特異な草型は、温暖地の肥沃な水田で多収穫をあげるのにはきわめて有利な特性であった。しかし西南暖地で多発する白葉枯病、紋枯病、いもち病、萎縮病などの病害に弱く、腹白が多発して玄米品質が劣る欠点があった。そこで、岡田らは「十石」を母本とし、白葉枯病やいもち病に強く玄米品質のよい「全勝26号」を父本として人工配配を行ない、優良品種「ホウヨク」「コクマサリ」「シラヌイ」の育成に成功した。これらの草型のよい品種の半矮性（ほどよい短稈性）品種は西南暖地の水稲品種の改良に大きく貢献した[4]。その後の研究で、驚くべきことに「十石」が緑の革命の立役者となった「IR8」と同じ半矮性遺伝子 $sd-1$ か同じ座位の類似の遺伝子をもっていることが明らかにされている[5]。

〈引用・参考文献〉

1) 嵐 嘉一（1975）『近世稲作技術史』農文協

2) 山川 寛（1967）「水稲新品種"ホウヨク・コクマサリ・シラヌイ"の両親品種の選定と母本品種"十石"の来歴について」『九州農業試験場彙報』21：213-219

3) 岡田正憲・山川 寛・藤井啓史・西山 寿・本村弘美・甲斐俊二郎・今井隆典（1967）「水稲新品種"ホウヨク・コクマサリ・シラヌイ"について」『九州農業試験場彙報』21：187-212

4) 岡田正憲（1979）『ホウヨクとレイホウ　続・稲の品種改良』全国米穀配給協会

5) 菊地文雄・板倉 登・池橋 宏・横尾政雄・中根 晃・丸山清明 (1985)「短稈・多収水稲品種の半矮性に関する遺伝子分析」『農業技術研究所報告』D：最終号

白玉（しらたま）

別名：豊前白玉

育成者：東谷村の彌作

育成場所：福岡県企救郡東谷村（現在は北九州市の東部）

育成年：嘉永2年（1849）

育成の経過：日向國生目八幡宮参詣の帰途持ち帰った稲穂から選出。命名は心白米が多いことに由来するともいわれる。

品種の特性：「都」と形態が似た穂重型中生種。九州では早稲に近い。無芒ないし短芒、粒はとくに大粒で丸みを帯びて扁平、良質。明治になって近代農法が出回る以前の、豆粕や魚肥のなかった少肥時代の栽培に適した品種である。酒米や寿司米に適し、当時の海外輸出用米としても利用された。

普及の状況：「神力」に先立つ明治前半期に国内で広く普及していた品種のひとつである。慶応3年にはすでに山口県に普及していて、中国・近畿・東海と次第に普及し、愛知県農事試験場[3] では明治26年（1893）の創立時から品種試験を開始するが、「白玉」はそのとき供試された5品種のひとつであった。明治28年の第4回内国勧業博[4] では出品第1位で、福井県から宮崎県に至る22県から出品があった。最大作付面積52,191ha（1908）。

育種上の貢献：畿内支場、愛知県農試などで交配親として用いられた記録はあるが、いずれも奨励品種にはなっていない。

〈引用・参考文献〉

1）農事試験場（1908）「米ノ品種及其分布調査」『農事試験場特別研究報告』25号

2）永井威三郎（1926）『日本稲作講義』養賢堂

3）愛知県農業試験場（1954）『愛知県農事試験場60年史』

4）大脇正諄（1900）『米穀論』裳華房

白千本（しろせんぼん）

育成者：不明

育成地：愛知県とする説[1]もあるが、愛知・静岡・愛媛でも古くから栽培されていた。

育成年：不明

発見の経過：愛知県農試岩槻信治らによって耐倒伏性育種材料として利用されたことで有名。大正期から昭和前期の愛知県農試で人工交配の母本として利用した在来品種リストに記載があり、「神力」に次ぐ回数で（16回）利用されていた[5]。

品種の特性：半矮性遺伝子をもつ超短稈、多げつの多収品種である。米質が極端に悪いため、市場には出回らなかったが、倒伏に強く耐肥性に富む多収品種であったため、農家の間で人気が高く、栽培されてきた。別名を「びろ七」「へそ八」といい、「びろびろ」につくっても7俵（420kg/10a）、へその高さに達するほど生育させれば8俵（480kg/10a）の収穫があったという[1]。

普及の状況：静岡・愛知・愛媛の各県に分布していた。とくに大正末の愛知県では、県内にある22郡市のうち9群市で作付けが認められ、なかでも愛知郡では作付歩合12％に達していた。

育種上の貢献：愛知県農試が多収品種の「千本旭」（1929年育成、最高作付面積：52,275ha）や「東海千本」などの短稈・多収品種、また白葉枯病抵抗性品種の「黄玉（こうぎょく）」（1938年育成、最高4,000ha）などの交配親として活用された。さらにその血を引くものとしては、やはり愛知県総農試の「金南風」（1948年育成、最高135,558ha）、「日本晴」（1963年育成、最高359,014ha）などがある。

　「白千本」の半矮性と脱粒性遺伝子の間の組換え率がミラクルライス「IR8」と同じ半矮性遺伝子をもつ「シラヌイ」の組換え率（13％程度）に近いことから、これらの品種の半矮性遺伝子が同一遺伝子座である可能性が高いと考えられ[4]、愛知県をはじめとする温暖地域の品種改良にも同類の半矮性遺伝子が利用されていた。

〈引用・参考文献〉

1) 岩槻信治（1935）『農民叢書』第2篇　武藤本店

2) 香村敏郎（2008）『愛知県農総試（安城・長久手）における水稲育種の回顧』

3) 西尾敏彦編『昭和農業技術への証言第6集』農文協

4) 愛知県農会編（1924）『愛知県の農業』

5) 大場伸哉・中村 淳・鶴見裕子・菊地文雄（1989）「イネの半矮性遺伝子*sd-1*と脱粒性遺伝子の連鎖」『熱帯農業』33：286-291

白紅屋（しろべにや）

育成者：不明

育成地：佐賀県

育成年：明治30年（1897）前後？

育成の経過：明確でないが、江戸末期、文久元年（1861）の佐賀県の農書には「赤紅屋」の記録[1]がある。その「赤紅屋」ないし「紅屋」からの変異種と思われる。

品種の特性：早生で密植に適し、多収。米質はとくに良好で粘りがある。ただし白葉枯病に弱い。

普及の状況：佐賀県を中心に隣接する福岡・長崎両県にも普及した。明治40年代に最も栽培面積を増やし、佐賀県内で5,000ha弱、福岡県で8,000ha弱、長崎県で1,000haほど普及している。北九州では、3化メイ虫回避用の二期作栽培の早植品種として一時期重用されたが、その後、3化メイ虫の被害がさらに甚大になり、これを回避するため田植期を6月25日ころ以降とする晩植が励行されるようになり、消滅していった[3]。大正4年の報告書によると佐賀県内で3,247.8haの栽培があり、大正8年には佐賀県の奨励品種にも指定されている[4]。

育種上の貢献：佐賀県農試が大正3年（1914）から純系選抜により「白紅屋1号」を育成。

〈引用・参考文献〉

1) 野口広助ほか（八木宏典訳）（1979）「野口家日記」『日本農書全集』11

2) 佐賀県内務部（1915）『佐賀県主要稲品種特性調査』

3) 嵐 嘉一（1955）「九州地方における水稲品種の変遷」『日本農業発達史』6　中央公論社

4) 農商務省農務局（1920）『農務局報』第12号

5) 戸上信次（1915）『六石実収日本一の稲作法』興文社

信州金子（しんしゅうかねこ）

別名：信州、金子、信州早稲（しんしゅうわせ）
県内では金小坊、金光坊（かねこぼう）[1]

育成者・育成地・育成年・来歴：いずれも詳細は不明だが、『農事試験場特別報告』25号では育成地を長野県としたうえで「本種ハ本県ノ金小坊ニシテ他府県ニ出テテ信州金子ノ名ヲ有スルコトト為レリ」と記している。また九州大学稲データベースには「信州」について、「信州の島本坊主（金光坊）から下野国下都賀郡上国府塚村（現在は小山市）松本某が選出」とある[2]。

品種の特性：山形や宮城など東北地方では中生（ただし岩手・青森など北東北では晩生）、北陸・関東地方で早生に属する。短桿・多げつ、収量はとくに多くはないが、耐肥性強で冷害、病害虫にもやや強いため年次差が少ない。米粒は小粒だが、腹白が少なく、良質で光沢がとくによかった。共進会・博覧会などに出品の多いことなどからみても、つくりやすく、見栄えのする品種であったのだろう。

普及の状況：明治10年（1877）ころにはすでに宮城県で栽培されていた[3]。明治28年（1895）に京都で開催された第4回内国勧業博覧会には、山形・福島・新潟・栃木など各県から「信州金子」「信州早穂」名の米がかなり出品され受賞している[4]ことからみても、この時期には東北・北陸に普及していたのだろう。「亀ノ尾」が現われる以前の明治30年代の庄内稲作の代表品種は「信州金子」であったという記録もある[5]。

　明治42年（1909）になると千葉・東京にも普及していて、全国作付面積が14,460haに達している[1]。大正・昭和初期には旧満州（中国東北地方）でも栽培されていた。

育種上の貢献：この品種から山形県の富樫雄太が抜き穂して育成した「酒井金子」は山形県内で最大栽培面積2,380ha（大正10年）普及している[6]。「信州金子」を父品種に農商務省農試畿内支場で育成された「畿内早22号（愛国×信州金子）」は、県段階でさらに純系淘汰された「改良在国」「畿内千石」も含めれば、昭和10年代には東北・北陸を中心に最大32,900haまで普及している。

〈引用・参考文献〉

1) 農事試験場（1908）「米ノ品種及其分布調査」『農事試験場特別報告』25号
2) 九州大学「イネ（稲）データベース」（https://shigen.nig.ac.jp）
3) 宮城県農試（1912）『水稲品種起源ノ来歴分布情態及特性調査書』

4) 下山作太郎 (1898)『帝国農民術要』上毛成業社

5) 中鉢幸夫 (1965)『荘内稲づくりの進展』酒田市農村通信社

6) 春日儀夫 (1975)『目で見る荘内農業史』ヱビスヤ書店

神力（しんりき）

別名：晩生神力（おくてしんりき）

育成者：丸尾重次郎

育成地：兵庫県揖保郡中島村（現在はたつの市）

育成年：明治10年 (1877)

育成の経過：丸尾が自田の有芒の在来種「程良（ほどよし）」のなかから見出した3本の無芒の穂がこの品種の起源という。はじめは「器量良（きりょうよし）」と命名したが、周囲の稲より25％も増収し、葉色や籾色が優美であったたため、これこそ神の力と名を「神力」と改めた。小粒で味は落ちるが、多収でつくりやすいため、とくに小作農家に受けて急速に普及した。

品種の特性：当時としては草丈が低く、強稈で分げつは多い。株張りがよく倒れにくい。普通無芒だが、稀に短芒を生ずる。極晩生で九州では10月下旬～11月上旬、近畿中国では11月上旬に収穫できた。白葉枯病・いもち病には弱い。

写真12 「神力翁丸尾重次郎碑」
兵庫県たつの市中島の鷺山に建つ

普及の状況：「神力」が広く普及したのは、日清戦争以降、それまでの北海道産魚肥に変わり、大陸から豆粕が導入され、また購入肥料（金肥）が出回りはじめた明治末から大正期にかけてである。このころになると耐肥性にすぐれた「神力」はまさに時代の流れに沿う品種として急速に普及し、最大587,823ha (1919) にまで達している。とくに小作人にはつくりやすいので歓迎されたが、地主には廉価のためよろこばれなかった。最近好評の「コシヒカリ」の作付面積が600,000haを超えたのは平成10年代後半だから、それまでは破られることのなかった大記録である。当時日本統治下にあった旧朝鮮でも、「早神力」を中心に238,000haが作付けされてい

たという。

　最も「神力」が普及したもうひとつの理由に岩村善六の力がある。岩村は兵庫県余部村（現在の姫路市）の人。彼の呼びかけで近隣農家が採種組合を結成、高純度の種子を生産したが、これが多収の後押しになった。彼が農商務省の広報誌に書いた「ほかの品種に比べ2割5分の増収」という記事が大きな力になったといわれる。

育種上の貢献：「畿内神力」「兵庫神力」「愛媛神力」など、農商務省畿内支場をはじめ各府県農試で多くの純系選抜種が育成されている。晩生である欠点を埋める早生化の試みも多く、早い段階から「早生神力」「中生神力」なども育成された。

　こうした背景もあったからだろう。わが国で最初に人工交配育種をはじめた農商務省畿内支場は「神力」を同場の交配育種の基幹的交配親のひとつに位置づけていたのだろう。ここで育成された交配品種には「道海神力」（1908年、「道海」×「神力」を交配、1939年の作付面積：42,417ha）、「神山」（＝畿内171号、1922年に「神力2号」×「山北坊主」を交配、1939年の作付面積：37,822ha）などがある。変わり種には畿内支場で交配され、福岡県の農家田中新吾が育成した「三井」（「神力」×「愛国」、1923〜1924育成、1932年の作付面積：76,297ha）がある。

　「神力」はまた「愛国」「旭」「亀ノ尾」とともに、現在わが国で栽培されている品種のほぼ100％がこの品種の血を引いているといってよいだろう。

顕彰碑など：顕彰碑は2つあって、ひとつは、たつの市日山の粒座天照神社境内の「神力稲紀功之碑」、もうひとつは、そこから10km南で丸尾の生家のあった中島の鷺山に「神力翁丸尾重次郎碑」が建つ。中島集落の道路には「神力翁丸尾重次郎生誕の地」の高札も建っている。

〈引用・参考文献〉

1) 農事試験場（1908）「米ノ品種及其分布調査」『農事試験場特別報告』25号

2) 池 隆肆（1974）『稲の銘―稲民間育種の人々―』オリエンタル印刷

3) 永井威三郎（1926）『日本稲作講義』養賢堂

4) 安藤広太郎（1955）「農事試験場の設立前後」『日本農業発達史』5（資料・復刻篇）　中央公論社

$$\boxed{\textbf{す}}$$

須賀一本 (すがいっぽん)

育成者：戸田小兵衛 (1809〜1877)

育成地：三重県河芸郡河曲村須賀 (現在は鈴鹿市)

育成年：安政2年 (1855) 育成 (嘉永6年 (1853) に変わり穂を発見)

育成の経過：「デキ拾俵」という品種のなかから変わり穂5本を発見、翌年試作したところ、短稈で、多収であったため近隣農家に分譲したところ、最初の5年間で村内全域に普及した。

品種の特性：晩熟で、草丈は低く、分げつはきわめて多い。全体の特性が「神力」に類似している。嵐は江戸時代に西日本に多くみられる「一本千」という名称が、〈1株で多数の穂をつける〉の意で、のちに「一本」「千本」と呼ばれるようになったのではとして、「神力」出現以前の穂数型品種ではないかと推論している。さしずめ「須賀千本」は、今日につながる穂数型品種の草分け品種といってよいだろう。

普及の状況：後続する「竹成」「関取」とともに三重県で育成された品種であるが、関東地方で普及した。明治14年 (1881) の内国勧業博覧会にも出品し、好評を博している。

育種上の貢献：埼玉県で「関取」との交配で「玉の井」が育成されているが、それ以外の利用は見あたらない。

〈引用・参考文献〉

1) 嵐 嘉一 (1975) 『近世稲作技術史』農文協

2) 和崎皓三 (1954) 「伊勢農業史序説」『日本農業発達史』2 中央公論社

3) 池 隆肆 (1974) 『稲の銘―稲民間育種の人々―』オリエンタル印刷

せ

関取（せきとり）

別名：雲龍（うんりゅう）

育成者：佐々木惣吉（1800～1881）

育成地：三重県三重郡菰野村字菰野（現在は菰野市）

育成年：嘉永元年（1848）

育成の経過：刈取りの際、「放言千本」といわれた中生在来種田から発見した「粒数多クシテ穂状優良、且米粒ニ光沢アリ籾皮又甚薄キ」[2] 1穂を発見、2年間の試作の後、当時の人気力士にちなみ「雲龍」と命名、近隣に配布した。後に人名は不適であるとして「関取」に改めた。もともとこの地方は晩秋～初冬に降霜が多く、これを避けるためには刈取期を早める必要があった。佐々木一家は育種に熱心であったそうで、そうした背景がこの大品種育成につながったのだろう。

品種の特性：穂数型品種で、草丈は当時の稲としては低く、稈も細い。分げつは「神力」ほどではないがかなり多い。多収で倒伏に強い。粒はかなり小粒だが、光沢がよく、心白腹白は少なく品質もよい。のちに農商務省農事試験場の畿内支場が人工交配育種をはじめるにあたり、品質を確保するため「関取」を選んだというから、当時の稲のなかでは品質上位にあったのだろう。関東では中生、近畿では中生の早、九州では早生になる。

普及の状況：明治20年代から関東・東山・東海と北陸の一部に根強い人気をもって普及した品種で、明治41年（1908）には最高62,163haを記録し、昭和20年代になってもなお1,000haが栽培されていた。品質がよく、多収であったが、「愛国」には及ばなかったため、昭和になって「愛国」が普及すると、次第に作付面積を減らし交代していった。明治前半期の乾田化・魚肥の増加が強稈・良質のこの品種の普及を後押ししたのだろう。

　三重県では「関取」以降、「須賀千本」「竹成」と穂数型品種が育成されるが、さしずめ「関取」は、今日につながる穂数型品種の草分け品種といってよいだろう。

育種上の貢献：群馬県の金子角次郎の「國益（國富）」や中山重兵衛の「重兵衛関取」はこの品種から選抜された。さらに農商務省畿内支場をはじめ、福島県から高知県に及ぶ多くに県の農事試験場で、この品種に由来する純系選抜種が育成されていて、「新関取」「関

取茨城1号」「関取埼15号」などがある。

　交配親としては「新関取」が「農林2号」(「新関取」×「畿内188号」)に用いられている。わが国ではじめて交配育種を試みた農商務省農事試験場畿内支場では、この品種を「品質ノ良好ナルモノヲ得ンニハ関取ヲ撰ムヘキ」として利用され、「畿内中4号」「畿内中15号」などが育成されたが、あまりその後の品種育成にはつながっていない。

　なお、明治26年(1893)に、当時北豊島郡瀧の川村(現在の北区西ヶ原)にあった農商務省農務局假試験場(後の農事試験場)が試みた、わが国最古の「種類試験」(品種比較試験)に、他の7品種とともに供試されている。この時代にはよく名の売れた品種だったのだろう。

顕彰碑など：菰野町の国道477号線菰野駅口に近い四日市道路と大矢知道路の交差点東角に「佐々木惣吉記念碑・関取米広益碑」が建っている。碑は明治34年(1901)に土地の三重郡農会が建てたものだが、題字はわが国農学の創始者田中芳男、撰文はときの農商務省農事試験場長沢野淳による。「関取」の高い評価を示すものだろう。

〈引用・参考文献〉

1) 農事試験場 (1908)「米ノ品種及其分布調査」『農事試験場特別研究報告』25号

2) 和崎晧三 (1954)「伊勢農業史序説」『日本農業発達史』2　中央公論社

3) 池 隆肆 (1974)『稲の銘―稲民間育種の人々―』オリエンタル印刷

4) 永井威三郎 (1926)『日本稲作講義』養賢堂

5) 嵐 嘉一 (1975)『近世稲作技術史』農文協

6) 松尾孝嶺 (1948)「国立農事試験場における稲の品種改良50年史」『農事試験場研究報告』第63号

善石早生 (ぜんごくわせ)

育成者：伊藤石蔵 (養家での別名は菅原善四郎) (1882〜1931)

育成地：山形県東田川郡新堀村 (現在は酒田市)

育成年：大正13年 (1924)

育成の経過：大正13年に「板戸早生」と「イ号」を交配して育成した。自らの2つの名前の善四郎の「善」と石蔵の「石」をとって「善石早生」と命名したという[1]。

品種の特性：早生だが、早生としては強稈、耐冷性に富み多収。同じ組み合わせから生まれたきょうだい品種の「六日早生」が米質良好とのことだから、この品種も米質がよ

かったと推量される。

普及の状況：伊藤石蔵（菅原善四郎）の育成した品種ではむしろ「六日早生」のほうが普及しているようで、「善石早生」についての資料はごく少ない。

育種上の貢献：伊藤石蔵（菅原善四郎）自身が「善石早生」の変種から「善石3号」を、「善石早生」×「田上糯」の交配から「善石4号」を育成している。青森県農試が育成した「早生稔」（「陸羽132号」×「善石早生」）は昭和25～28年（1950～1953）に同県の奨励品種になっている。

　「善石早生」の名を高からしめたのは、なんといっても青森県農試藤坂試験地の田中稔らが育成した「藤坂5号」（農事試盛岡小麦試験地交配：「双葉」×「善石早生」）だろう。昭和24年（1949）に世に出たが、昭和32年（1957）には最大普及面積66,217haに達している。「善石早生」の耐冷性と愛知県農試が育成した「双葉」のイモチ病に強い特性がみごとにマッチし、主に北東北の冷害常習地帯で広く栽培された。

　「善石早生」の余恵はさらにつづく。「藤坂5号」の血を引く品種のなかから「ヨネシロ」「キヨニシキ」「フジミノリ」「レイメイ」などの大品種がつぎつぎに生まれたからである。伊藤石蔵が東北という池に投じた善"石"はまさに大きな水の輪を描いて各地に広がっていったのである。

付記：菅原善四郎が育成した品種にもうひとつ、「六日早生」（「板戸早生」×「イ号」）がある。最盛期の昭和5年（1930）には2,742haに作付けられ、昭和8年（1933）の山形県の主要12品種のなかにも入っていた。「六日早生」は当時早生のなかでも最も早い品種であったが、耐冷性が弱く倒れやすかった。宮城県では昭和16～22年（1941～1947）の間、奨励品種に採用されている[2]。また、山形県にはほかに「善石」（「中生愛国」の変種で、山形県西田川郡大泉村吉住善之助育成）という品種がある[2]ことに要注意。

〈引用・参考文献〉

1）菅 洋（1983）『稲を創った人びと』東北出版企画

2）佐野稔夫（1956）「東北地方に於ける水稲品種に関する研究」『宮城県農試報告』第22号

そ

染分 (そめわけ)

育成者：不明

育成年：不明

育成地：農林水産省の農業生物資源ジーンバンクによると、原産地を青森県と福島県にするものがある。

育成の経過：不明。山間の冷水田や水口稲として利用されていたというから、上記どちらかの県の山間冷害地の農家によって見出されたのだろう。

品種の特性：長稈・穂重型で穂が長く穂数は少なく、ふ (稃) 先色が紫で籾も紫色を帯びた古いタイプの在来品種である。耐冷性は極強だが、耐肥性・耐病性は弱く、品質・収量ともに劣る。広い面積で実用的に栽培されたことはなく、冷水田や水口などで局所的に栽培されていたらしい。

育種上の貢献：草型はすぐれず収量性も低いが、高度の耐冷性があり、とくに障害型冷害に強いとみられることから、優良品種との交配により育種的利用が試みられたが、耐冷性の遺伝が複雑であるうえに劣悪形質との連鎖が強く成功しなかった[2,3]。

　そこで、「染分」の人為突然変異による劣悪形質改良[4]や優良品種を繰り返し交配する戻し交雑法による中間母本の育成[5]なども試みられたが、まだ成功していない。

付記：耐冷性の強い遺伝資源を探索する目的で、農林省黒石農事改良実験所藤阪試験地に保存されていた水稲24品種・系統の耐冷性の強弱を調べ、「染分」をはじめ「早生九平」「青森糯」「黒糯」などが極強であることが田中により発見された[1]。

〈引用・参考文献〉

1) 田中　稔 (1950)「東北地方における水稲主要品種並に系統の耐冷水性　第1報　耐冷水性と形態的特性との関係」『日本作物学会紀事』20：73-76

2) 鳥山国士・蓬原雄三 (1960)「水稲における耐冷性の遺伝と選抜に関する研究　1. 耐冷性の遺伝分析」『育種学雑誌』10：143-152

3) 鳥山国士・蓬原雄三 (1961)「水稲における耐冷性の遺伝と選抜に関する研究　耐冷性と草型および

収量性との関係」『育種学雑誌』11：191-198

4）櫛渕欽也ら（1972）「「染分」の放射線照射による耐冷性中間母本の育成について」『東北農業研究』13：62-66

5）小山田善三ら（1975）「「染分」利用による耐冷性中間母本の特性」『東北農業研究』16：66-69

た

大国早生 (だいこくわせ)

別名：大黒早生（だいこくわせ：異名同種）

育成者：阿部勘次郎（～1943）享年61（交配は渡辺虎蔵）

育成年：大正10年（1921）を阿部に雑種後代が配布された年とする説[1] と、同年に育成した（固定した）とする説[2]、[3] の2説がある。

育成地：山形県西田川郡京田村（現在は鶴岡市）

育成の経過：育成者は阿部・渡辺だが、山形県庄内地方で活躍していた西田川郡農会の組織力が生み出した品種でもある。同農会は、わが国ではじめて人工交配育種がはじめられたとき、仲間を大阪の農事試験場畿内支場に送り、また教師を招聘して、いち早くこれを習得し交配育種に取り組んだ。今と違って、当時は交配が難しかったからだろう。育成は手先が器用な交配係と穂選びの経験豊富な育成農家に別れて分担したが、「大国早生」は、渡部虎蔵（渡辺寅蔵）が交配した「大宝寺」×「中生愛国」の後代を阿部が引き継いで育成したものである。わが国人工交配育種の草創期に、農家自身がいち早く育成した品種として、「福坊主」とともに語り継がれる名品種である。

品種の特性：穂重型で耐冷性に富む中生品種。少肥での栽培に適する。脱粒性難で、ふ（稃）先色は淡褐色を呈する。いもち病に弱い。やや長稈、多げつ、無芒、稈が強く倒伏に強い。品質はやや劣るが多収。

普及の状況：耐冷性で少肥栽培でも多収であったため、太平洋戦争前後の肥料欠乏時代に山形・秋田・宮城・新潟など東北北陸の各県で広く普及した。昭和17年から昭和30年まで山形県の奨励品種に指定されており[4]、全国最大栽培面積：16,346ha（昭和24年）。

育種上の貢献：「ユキモチ」（1951：札幌農業改良実験所上川試験地育成）および「尾花

沢7号」（1951：東北農試育成）の母品種。「尾花沢1号」（1944：尾花沢凶作防止試験地育成、）の父品種。「ユキモチ」は全国作付面積が最大13,839ha（昭和31年）に達している。

〈引用・参考文献〉

1) 菅 洋（1987）『育種の原点―バイテク時代に問う―』農文協

2) 春日儀夫（1975）『目で見る荘内農業史』ヱビスヤ書店

3) 鎌形 勲（1953）「山形県稲作史」『農総研刊行物』第90号　農林省農業総合研究所

4) 佐野稔夫（1956）「東北地方に於ける水稲品種に関する研究」『宮城県農試報告』第22号

武作選（たけさくせん）

育成者：小林武作（1881〜1922）

育成地：山口県都濃郡久保村（現在は下松市）

育成年：明治42年（1909）

育成の経過：明治36年（1903）に栽培中の「神力」のなかに変異株を見つけ、これを選抜し明治42年に近隣に配布した。品種名は育成者にちなむ。

品種の特性：晩生種。強稈で米質は上の下、耐肥性強。いもち病には弱い。中国地方の平坦地に適する。

普及の状況：大正末から昭和のはじめにかけて都濃郡を中心に普及。

育種上の貢献：「山口武作2号」：山口県農試が大正15年に純系分離により育成。昭和6年には奨励品種になっている。

顕彰碑など：下松市久保の西蓮寺山門の石段のほとりに「篤農家　小林武作君之碑」が建っている。大正13年（1924）に建立された。

〈引用・参考文献〉

1) 池 隆肆（1987）「山口県の稲民間育種の人々②」『農業技術』42（3）

2) 手島新十郎（1936）『多収穫米作法』養賢堂

竹成（たけなり）

別名：倒十（こけじゅう）、直（なお）

育成者：松岡直右衛門（1836～1901）

育成地：三重県三重郡竹永村（現在は菰野町竹成）

育成年：明治7年（1874）に変わり穂を発見

育成の経過：松岡が39歳の明治7年に、「千本選」（「糯千本」ともいわれる）のなかに300粒もある穂をつけた変異株を見出し、その穂3本を採取、明治8～9年と試作したところ成績がよかったので、明治10年には「竹成」と命名して近隣に配布した。「倒十」は倒れるまで稔れば10a当たり10俵はとれるという意味、「直」は松岡の名に由来する。

　「竹成」誕生には、これを可能にした土地柄があった。この地方では嘉永元年には佐々木惣吉の「関取」、嘉永6年には戸田小兵衛の「須賀一本」が生まれている。松岡の「竹成」もこうした先輩たちの活躍した伊勢の環境が育てたものだろう。

品種の特性：熟期は「神力」より少し早く、東海地方では中生種。無芒だがときにわずかに赤褐色の芒を生ずる。粒は小さく米質は「関取」には及ばないが「神力」にはまさる。当時としては短桿・多げつ、脱粒性難の多収品種であった。いもち病には弱い。

普及の状況：乾田馬耕・魚肥大豆かす施用の「近代稲作法」がさかんになった明治中期以降に、これに適合した品種として急速に普及した。最盛期の明治40年ころには全国で72,166haに達し、関東から四国・北九州に至る各県で栽培されていた。

　なお「竹成」の普及が円滑であったのには、その種子の大量生産を支援した鈴木又市の力も大きく関与している。

育種上の貢献：「愛知旭」（「京都旭」×「竹成」：1926年愛知県農試育成）、農林3号（「撰一」×「竹成」：1933年埼玉県農試育成）の交配親である。「愛知旭」は最高作付面積80,000ha、同品種を花粉親に「白千本」を交配して「千本旭」が育成され、その最高作付面積は91,000haに達する大品種に生長している。

顕彰碑など：三重県菰野町竹成の松樹院に三重郡農会「竹成米公益碑」が建っている。大正6年の建立で撰文は当時の農商務省農事試験場長で東京帝国大学農科大学教授でもあった古在由直による。

〈引用・参考文献〉

1) 日本農林漁業振興会（1968）『農林漁業顕彰業績録』

2）和崎皓三（1954）「伊勢農業史序説」『日本農業発達史』2　中央公論社

3）池 隆肆（1974）『稲の銘─稲民間育種の人々─』オリエンタル印刷

4）西尾敏彦編『昭和農業技術への証言』第6集　農文協

と

東郷（とうごう）

別名：東郷2号

育成者：小川康雄（1872～1933）

育成地：山形県西田川郡東郷村（現在は東田川郡三川町）

育成年：明治39年（1906）

育成の経過：明治34年（1901）に佐藤政次郎（正次郎、正治郎）が栽培中の「大場」から変わり穂を発見、2年間選抜をつづけたが結果がえられず放置した。その種子を小川が譲り受け、さらに3年間早熟化をねらって選抜をつづけた結果、育成に成功した。品種名の「東郷2号」は佐藤政次郎の育成した「東郷」からさらに選抜したものという意味で「2号」と名づけたと推察されている[1]。

品種の特性：宮城県・山形県では中～晩生、秋田県では極晩生である。分げつは多く、強稈で、当時の品種のなかでは最も倒伏に強く、多肥に耐え、いもち病にも強い。有芒で成熟すると芒が白くなる[4]。

普及の状況：大正11年（1922）に山形県で最多栽培面積2,715ha※、大正3年～昭和7年（1914～1932）の間、山形県の奨励品種※であった[6]。

育種上の貢献：後述の通り、佐藤順治が大正元年ころ「東郷新2号」を選出、また佐藤弥太右衛門が「東郷イ号」を選出。宮城県農試が「東郷※」の純系選抜で「東郷1号」を、福島県農試が同じく「東郷※」の純系選抜で「東郷21号」を育成している。

付言：小川康雄は「東郷1号」も育成している。明治29年（1896）に「吉郎兵衛糯」から抜き穂によって選抜育成した。

※なお、「東郷」を名のる山形県旧東郷村生まれの在来品種は複数存在する。菅[1] によると、「東郷1号」「東郷2号」「東郷新2号」「東郷3号」の少なくとも4種があり、いずれもときに「東郷」と略称されていて判別が難しい。したがって※印は、正確にはどの「東郷」か判別しにくい事項であることをおことわりしておく。

〈引用・参考文献〉

1) 菅 洋 (1983) 『稲を創った人びと』東北出版企画

2) 農事試験場 (1908)「米ノ品種及其分布調査」『農事試験場特別報告』25号

3) 鎌形 勲 (1953)「山形県稲作史」『農業総合研究所刊行物』90号

4) 永井威三郎 (1926)『日本稲作講義』養賢堂

5) 宮城県農試 (1912)『稲作試験報告』第12号付録

6) 佐野稔夫 (1956)「東北地方に於ける水稲品種に関する研究」『宮城県農試報告』22

豊国 (とよくに)

別名：檜山早生 (ひやまわせ)・鶴ノ首 (つるのくび)

育成者：檜山幸吉 (1867～1927)

育成地：山形県南田川郡十六合村 (現在は庄内町京島)

育成年：明治36年 (1903)

育成の経過：「文六」を栽培していた田から変種を発見、これを抜き穂して選出した。檜山は明治30年ころから品種改良に関心をもっていたそうで、これはその普段の努力がみのったものであった。

品種の特性：早生をねらったが、栽培を重ねるうちに中生に変じた。成熟期は「亀ノ尾」と大差なく、品質・収量も近い。無芒長稈で分げつは少なく、耐病性はやや弱い。大粒だが米質はやや不良。稈の第2節間が長く比較的強稈であるためワラ加工に適し、草履製造などに重用された。

普及の状況：大正の中ごろから各地に普及し、大正14年には全国で59,913ha、山形県内だけでも大正13年 (1924) に最高13,939haに達している。大正3年～昭和23年山形県奨励品種5)。東北とくに秋田・山形両県では重要品種であった。

育種上の貢献：昭和初年には青森、岩手、宮城、秋田の各県農試で早生化した「豊国1号」「豊国3号」「豊国32号」「豊国71号」などの純系選抜系統が育成され、各県の奨励品種になっている3)。また青森・秋田両県ではいずれも「豊国」×「亀ノ尾」の交配から「陸奥2号」「神錦」を育成している4)。

顕彰碑など：庄内町京島の公民館前には「水稲品種豊国の創造者、檜山幸吉翁顕彰碑」が建っている。また南野の「亀ノ尾の里資料館」には「亀ノ尾」の阿部亀治、「豊国」の檜山幸吉など7人の水稲育種家の肖像と功績が掲げられていた。

〈引用・参考文献〉

1) 佐藤藤十郎（1939）「山形県に於ける民間育種の業績」『農業』706号

2) 永井威三郎（1926）『日本稲作講義』養賢堂

3) 農林省農務局（1935）「主要食糧農産物改良増殖事業要覧」『農事改良資料』第38

4) 池 隆肆（1974）『稲の銘―稲民間育種の人々―』オリエンタル印刷

5) 佐野稔夫（1956）「東北地方に於ける水稲品種に関する研究」『宮城県農試報告』第22号

は

八反（はったん）

八反流・八反草・八反錦

育成者：大多和柳（流）助（佑）

育成地：広島県豊田郡入野村（東広島市）

育成年：明治8年（1875）

育成の経過：大多和が濃霧地帯に適する品種を数年間にわたって探索し、穂首にぼろ切れを巻きマーカーとして選抜抜穂し育成、屋号「八反田」にちなみ「八反」と命名した。晩生で長稈の品種をめざして、早生で穂が大きく、大粒の穂を選抜し、育成したといわれる。

品種の特性：極早生、長稈で分げつが少ない。大粒で品質は良。いもち病には強い。

普及の状況：大多和は積極的に2合入りの棚籾袋をつくり、農民たちに頒布したという。大正2年（1913）に広島県の奨励品種に採用された。最大作付面積11,621ha（1932）

育種上の貢献：大正10年には純系選抜により「八反10号」が育成され、この品種と「秀峰」の交配により昭和37年（1962）に「八反35号」「ヤエホ」との交配で昭和40年に「八反40号」が広島県農業試験場で育成された。さらに昭和58年（1983）には「八反35号」と「アキツホ」の交配で「八反錦1、2号」が誕生した。なお、この系列とほかの系列の品種との交配はあまり行なわれていない。

顕彰碑など：東広島市入野には「大多和柳祐翁の碑」が建っている。

〈引用・参考文献〉

1) 前重道雅・小林信也 (2000)『最新日本の酒米と酒造り』養賢堂

2) 農林省農務局 (1935)「道府県における主要食糧農産物品種改良事業の成績並に計画概要」『農事改良資料』第97

3) 住田克己・上田一雄 (1954)「広島県農業史」『日本農業発達史』4 中央公論社

ひ

日の出撰（ひのでせん）

育成者：赤松直太郎

育成地：岡山県赤磐郡潟瀬村（現在は瀬戸町）

育成年：明治30年（1897）

育成の経過：「神力」のなかから変わり株を見出して育成。

品種の特性：晩生。草丈・分げつ数は当時の品種としては中位。いもち病抵抗性は「神力」よりやや強い。米質は良好、中粒。無芒で籾の色はやや褐色を帯びる。

普及の状況：明治41年（1908）に岡山県の奨励品種に選定され、大正15年には岡山県内で12,000haが栽培されていた。大正8年（1919）に岡山県の奨励品種になり、昭和7年（1932）には岡山県の奨励品種で第2位14,635haの普及面積を占めていた[1]。

育種上の貢献：岡山県農試が昭和11年（1936）に「豊穂」「美野」（「日の出選」×「亀治」）を育成。

〈引用・参考文献〉

1) 農林省農務局 (1935)『農事改良資料』第97

日の丸（ひのまる）

別名：日の丸1号

育成者：田中正助・工藤吉郎兵衛（1860〜1945）
育成地：山形県東村山郡金井村（現在は山形市）
育成年：昭和16年（1941）
育成の経過：実用化されたわが国初の外国稲との遠縁交雑品種である。育成には2人の農家がかかわっている。

　育成期間の前半は、「敷島」や「福坊主」などの育成で名高い山形県西川郡京田村（現在は鶴岡市に編入）の工藤吉郎兵衛が担当した。昭和2年（1927）、加藤茂苞（元農事試験場畿内支場）から「高野坊主」×「伊太利亜州」の雑種種子を譲り受け、翌年これと「京錦3号」を交配、以後この「京錦3号」×（「高野坊主」×「伊太利亜州」）後代の系統淘汰を進めている。

　育成の後半を受けもったのは金井村の田中正助である。昭和8年（1933）に工藤宅を訪れ、この「京錦3号」×（「高野坊主」×「伊太利亜州」）の雑種5代系統群を見学した際、とくに粒着密の株を見つけ、工藤に懇願してもらい受けた。「日の丸」はこの後代から彼の選抜によって昭和16年（1941）に育成した品種である。高齢の工藤が、後半の選抜を田中に託したといわれる。

　「日の丸」が育成されたのは、太平洋戦争開戦直前の世相から生まれた品種名である。ちなみに田中は肥料分施による水稲増収法の創始者としても名高い。

品種の特性：中生種で稈長やや長く、分げつは少ないが、イタリア品種の血を引き、穂が大きく粒が密につき、耐肥性が強く多肥栽培に適するとみられた。

　昭和8年（1933）に愛知県農業試験場が「白千本選2号」×「旭糯」から育成した「日の丸」という同名異種がある。

普及の状況：昭和10年代の戦争中、肥料不足の時代に急速に普及し、戦後の昭和23年（1948）には秋田県で18,000ha、昭和24年には山形県で20,000ha、宮城県で10,000haを超え、昭和26年には全国作付面積の第11位37,197haに達している。

育種上の貢献：最初の交配に用いられた「伊太利亜州」はイタリア品種であり、外国品種の血を引く品種の作付面積が統計上に現われる最初の事例となった。同一の交配組合から「京田1号」も育成したが、あまり広まらなかった。しかし、昭和25年ころにきょうだい系統とみられる「育種5号」が3,000haに栽培され、昭和30年には秋田県でも3,000ha植えられたとされている。

〈引用・参考文献〉

1) 菅 洋 (1983)『稲を創った人びと』東北出版企画

2) 菅 洋 (1983)「驚異の育種家工藤吉郎兵衛……外国稲の血を導入した「日の丸」」『荘内日報』(昭和58年8月12日号)

平田早生 (ひらたわせ)

育成者：鈴木元蔵

育成地：山形県西田川郡栄村平田 (現在は鶴岡市)

育成年：明治42年 (1909)

育成の経過：「上州」の変種から選抜。品種名は発見地の集落名にちなむ。

品種の特性：穂重型品種。分げつ期のころはそれほどでもないが、出穂後に急伸長する。長稈であるうえに稈質は軟弱で倒伏しやすく、山間部や強風地帯には不向きである。無芒。その名に反して晩生である。多収で米質はよいが青米が混じることがある。いもち病には強くない。

普及の状況：大正3～昭和7年(1914～1932)の間、山形県の奨励品種[2]。大正10年(1921)には山形県内で最大5,680haまで普及している。昭和になると減退したようで昭和7年には248haの記録がある[3]。

〈引用・参考文献〉

1) 菅 洋 (1983)『稲を創った人びと』

2) 佐野稔夫 (1956)「東北地方に於ける水稲品種に関する研究」『宮城県農試報告』第22号

3) 農林省農務局 (1935)『農事改良資料』第97

ふ

福坊主 (ふくぼうず)

育成者：工藤吉郎兵衛 (幼名：慶次郎) (1860～1945)

育成地：山形県西田川郡京田村 (現在は鶴岡市)

育成年：大正4年 (1915) に交配

育成の経過：当時東北で栽培されていた在来品種の「のめり」に、みずからが育成した「寿」を交配後、系統選抜を重ね大正8年ころから「福坊主1～10号」をつぎつぎ育成した。同じ組み合わせから育成された姉妹品種「京錦」とともに、わが国の農家育成人工交配品種の第1号であろう。

　農商務省 (現在の農林水産省) で人工交配育種が開始されたのは、明治37年 (1904) の農事試験場畿内支場 (大阪) が最初だが、工藤はその畿内支場にまで足を運んで、人工交配育種法を習得し、この品種を育成した。彼が育成した品種には、ほかにも「敷島」(1904)、「鶴ノ糯」(1905)、「京錦3号」(1921)、「酒ノ華」(1926)、「京ノ華」(1926) などがあり、全部で30余種に及ぶ。

　工藤が品種改良に取り組むようになったのは、この時期、庄内に乾田馬耕など明治農法がつぎつぎに導入され、水田の深耕や金肥施用が進んだため、従来の品種がいもち病や倒伏のため使えなくなってしまったためである。かねて土地改良に熱心で乾田馬耕、苗代改良などと農事改良にあった工藤が品種改良に関心をもつようになったのは、とうぜんの帰結といってよいだろう。最初は他地域の品種を取り寄せて探したようだが、適当なものがなく、結局自分で育種するようになった。純系選抜で育成した「敷島」は彼が手がけた最初の自信作だが、やはりこの程度では飽き足らず、最後に交配育種法によってたどり着いた最高成果が「福坊主」であった。

品種の特性：山形県では8月上旬に出穂し育成当時は中生とされたが、晩生に属する。無芒で、草丈はやや低く米粒やや大きく、米質はやや劣り、「亀ノ尾」や「陸羽132号」に比べて食味がやや劣る。いもち病に強く強稈で倒伏に強く、栽培が容易で多収であるため農家によろこばれた。

普及の状況：購入肥料が出回りはじめた大正から昭和初年にかけて、強稈で倒伏に強く

耐病性にも富むため、農家によろこばれた。山形・宮城・福島の東北中南部各県および新潟県に普及し、昭和14年（1939）には全国で最高69,099haに達した。昭和4年から30年までの間、岩手・山形両県では「福坊主」が、宮城県では「福坊主1号」が奨励品種になっており、福島県でも「福坊主1号」が昭和7〜28年に奨励品種に選定されている[6]。この時代は全国的に農事試験場陸羽支場育成の大品種「陸羽132号」がもてはやされていた時代であるが、東北のこの地方では「福坊主」の牙城を揺るがすことができなかった。

育種上の貢献：純系選抜による品種に「福坊主1号」「福坊主2号」「福坊主10号」がある。

顕彰碑など：かつての京田村（現在の鶴岡市高田下村）、京の田小学校の道をへだてた反対側には昭和16年建立の工藤吉郎兵衛翁頌徳碑が建っている。

〈引用・参考文献〉

1) 菅　洋（1987）『育種の原点―バイテク時代に問う―』農文協

2) 春日儀夫（1975）『目で見る荘内農業史』ヱビスヤ書店

3) 鎌形　勲（1953）「山形県稲作史」『農総研刊行物』第90号　農林省農業総合研究所

4) 佐藤富十郎（1939）「山形県に於ける民間育種の業績」『農業』706号

5) 永井威三郎（1957）『実験作物栽培各論』養賢堂

6) 佐野稔夫（1956）「東北地方に於ける水稲品種に関する研究」『宮城県農試報告』第22号

ほ

坊主（ほうず）

育成者：江頭庄三郎

育成地：北海道札幌郡琴似村新琴似（現在は札幌市）

育成年：明治28年（1895）

育成の経過：育成者は江頭庄三郎とされるが、実弟と小作人中田光治を含む3人の合作というべきだろう。というのも「赤毛」の田（60〜70a）から最初に無芒の変異株を抜き穂したのは実弟で、庄三郎は翌年その種籾を7aほどの田に試作した担当者であった。ただし試作の当初はそれほど評価も高くなかったらしい。危なく捨てられそうにもなった

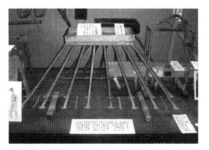

写真13 「坊主」の普及に貢献した"たこ足"
直播器（旭川兵村記念館にて）

この品種が息を吹き返したのは、たまたま小作人の中田がもらい受けて転居先の美唄で試作してみたからである。たいへん好成績であったことから同地に広がり、さらに彼の転居にともない砂川・士別へと広がっていった。

品種の特性：無芒、「赤毛」に比べて早熟、稈は長くかたい。やはり「赤毛」に比べて多収であり、いもち病にも強い。分げつは少なく、粒はやや大きく脱落しやすい。品質は劣る。

普及の状況：この品種が爆発的に普及するようになったのは、明治38年に末松保次郎らによってたこ足直播器が開発され、普及しはじめてからで、大正3年には優良品種に選定されている。芒のないこの品種の種籾を用いることで、播種作業が楽になったからである。昭和7年（1932）には道央地区を中心に最高136,726haにまで達している。最高160,000haにも達したという北海道の水稲直播栽培は「坊主」なしには考えられなかっただろう。

育種上の貢献：純系選抜法により北海道農試が育成した「坊主1〜6号」がある。交配品種としてとくに著名なものに、大正13年（1924）に北海道農試が育成した最初の交配品種「走坊主」（「魁」×「坊主」）である。「坊主」を早生化した「坊主6号」より、さらに1週間ほど熟期が早く、北海道の稲作北進に大いに貢献した。

〈引用・参考文献〉

1) 星野達三編（1994）『北海道の稲作』北農会
2) 岡部四郎（2004）「北海道における水稲品種改良」『昭和業技術への証言』第3集
3) 永井威三郎（1926）『日本稲作講義』養賢堂

保村（ほむら）

別名：保村早稲・金助早稲（きんすけわせ）・二合半領（にごうはんりょう）

育成者：高橋金助

育成地：武州保村（現在は埼玉県吉川市）

育成年：安政5年（1858）

育成の経過：江戸時代、二合半領といわれた旧吉川町・三輪野江村・早稲田村・八木郷村・戸ヶ崎村（現在の吉川市・三郷市）の地域は、江戸川と中川に挟まれた海抜平均2～3mの低湿地で、稲作にはつねに水害がつきまとっていた。同地の老農高橋金助はこの被害を避けるため、極早生品種の育成を思い立ち、当時最も早生であるとされた「仙台早稲」を栽培、その最も早く熟した1穂を見つけてこれから採種、翌年その12株から3合4勺（612mℓ）の種子を得た。「保村」はこの種子に由来し、最初は「金助早稲」と呼ばれたが、広がるに従い育成地にちなんで「保村」や「二合半領」「吉川？」と呼ばれるようになった。

　なお、昭和10年刊の農林省農務局『農事改良資料』第97には、「保村」について「埼玉県農事試が大正元年から「愛国」について純系選抜したもの、」とあるが誤認ではないだろうか。

品種の特性：極早生で長稈、小粒。多収は期待できないが、良質であり、わが国最古の銘柄米として市場で歓迎され、5割程度高く売れたという。深水など水害にも強い反面、倒伏しやすい欠点もであったといわれる。

普及の状況：明治初年には旧二合半領全体に普及。大正15年の農林省農務局調査では埼玉県で「保村8号」が3,156.3ha、昭和11年（1936）には北葛飾・北足立郡を中心に「保村」200haが栽培されていたとある。戦前はワラ加工用としても重用された。明治の老農奈良専二がこの品種を好み、明治23年の秋田県での農事改良指導に持参したとの話もある[6]。昭和初年には、当時日本人が入植していた旧満州（中国東北地方）南部でも栽培されていた。

育種上の貢献：埼玉県農試が県内の「保村」を集め、大正2年より純系選抜、大正5年に「保村埼1号」とし、昭和6年には奨励品種にしている。

　なお、明治26年（1893）に、当時北豊島郡瀧の川村（現在の東京都北区西ヶ原）にあった農商務省農務局仮試験場（後の農事試験場）が試みた、わが国最古の「種類試験」（品種比較試験）に、他の7品種とともに供試されている。この時代によく名の売れた品種だったのだろう。

付記：なお、二合半領では、ほかに「保村」よりさらに熟期の早い「白早稲」「雀早稲」「金蔵」などという超極早生品種も栽培されていたといわれる[9]。

〈引用・参考文献〉

1) 渡邊五六（1966）「最初の品種銘柄―二合半の保村、三重の関取」『野口研参考資料』2　日本農業研究所

2) 岡田利久（2013）「早生米「保村早稲」について」『よしかわ文化』23号

3) 農林省農務局 (1926)『道府県ニ於ケル米麦品種改良事業』

4) 農林省農務局 (1936)『水稲及陸稲耕種要綱』

5) 盛永俊太郎 (1971)「満州の稲と稲作」『農業』1042号

6) 斎藤之男 (1968)『日本農業史—近代農学形成期の研究』農林省農業総合研究所

7) 日本農林漁業振興会 (1968)『農林漁業顕彰業績録 (奈良専二)』

8) 松尾孝嶺 (1948)「国立農事試験場における稲の品種改良50年史」『農事試験場研究報告』第63号

9) 安田 健 (1955)「水稲品種の推移とその特性把握の過程」『日本農業発達史』6　中央公論社

ま

万作 (まんさく)

万作坊主 (まんさくぼうず)・佐賀万作 (さがまんさく)

育成者：福井儀蔵

育成地：福岡県糸島郡長糸

育成年：弘化2年 (1845)

育成の経過：不明

品種の特性：中生、無芒、長稈、穂重型、「白玉」に近く、米粒は大で腹白が多い。多収である。大脇[1]によると「輸出用米」とあるから、良質米なのだろう。

普及の状況：これも大脇によると、「畿内及び関西地方に多し」とある。明治40年ころには九州と近畿で17,800〜21,300haの栽培面積を有した[2,3,4]。大正末期〜昭和3年に福岡県で奨励品種。

育種上の貢献：福岡県農試で純系淘汰種を育成。

〈引用・参考文献〉

1) 大脇正諄 (1900)『米穀論』裳華房

2) 農事試験場 (1908)「米ノ品種及其分布調査」『農事試験場特別研究報告』25号

3) 池 隆肆 (1974)『稲の銘—稲民間育種の人々—』オリエンタル印刷

4) 嵐 嘉一 (1955)「九州地方における水稲品種の変遷」『日本農業発達史』6　中央公論社

み

三井（みい）

別名：三井神力（みいしんりき）

育成者：田中新吾

育成地：福岡県三井郡味坂村（現在は小郡市）

育成年：明治41年（1908）交配、大正元年に命名

育成の経過：最初におことわりしておく。「三井」を農家育成品種というのには、いささか注釈を必要とする。明治41年（1908）に畿内支場で交配されたなかば畿内支場育成品種であり、交配親は「神力」と「愛国」であった。F₂世代のとき、白葉枯病抵抗性の選抜のため、福岡県立農事試験場の水稲白葉枯病試験地に送られたのだが、その1株を土地の所有者が持ち帰り、その後、彼の手で選抜・育成されたものである。大正2、3年ころまでには「三井」と名づけられ、周辺農家に広がっていったという。

品種の特性：晩生、草丈は「神力」よりやや低く分げつはやや少ない。稈は強剛で、いもち病・白葉枯病に強い。米質がよいため市場では歓迎された。

普及の状況：命名した大正元年以降、三井郡農会で増殖して普及。大分県でも大正2年（一説に明治44年）には普及がはじまった。寿命の長い品種で、大正から昭和20年代まで九州を中心に広く普及し、最高の昭和7年ころには76,297haに達している、嵐はこの品種を「九州地方における大正、昭和前期の稲作にきわめて重大な貢献をした品種」と位置づけている。立地条件のやや悪い地域を中心に広く普及し九州では欠かせない品種であったからである。

育種上の貢献：純系選抜種では大分県の「大分三井120号」が有名。「三井」を片親にもつ交配種には「瑞豊」（1935：宮崎農試）、「農林12号」（1938：熊本農試）、「農林18号」（1941：熊本農試）、「ホザカエ」（1952：熊本農試）がある。なかでも「農林18号」は昭和26年から32年まで作付面積全国第1位で、26年には最高154,478haに達している。日本統治時代の台湾の蓬莱米の改良にも利用され、現地の品種との交配で、いもち病に強い「嘉南1〜13号」の育成に貢献している[3]。

顕彰碑など：かつては味坂小学校に田中新吾翁の胸像があったようだが、現在は久留米

市の百年公園に碑文を記した台座が残されている。

〈引用・参考文献〉

1) 池 隆肆 (1974)『稲の銘―稲民間育種の人々―』オリエンタル印刷

2) 手島新十郎 (1936)『多収穫米作法』養賢堂

3) 嵐 嘉一 (1975)『近世稲作技術史』農文協

4) 嵐 嘉一 (1955)「九州における水稲品種の変遷」『日本農業発達史』6　中央公論社

都 (みやこ)[※]

※鹿児島県では明治30年ころから栽培され「薩摩 (さつま)」と呼ばれた[1], [2]。

育成者：内海五郎左衛門 (1805〜1890)　田中重吉 (1829〜1908)

育成地：山口県玖珂郡玖珂村 (現在は岩国市)

育成年：嘉永5年 (1852)

育成の経過：嘉永5年に藩主の参勤交代に随行した高森村 (現在は岩国市) の士族内海五郎左衛門が摂津国、現在の兵庫県西ノ宮市付近の水田で、きわだって大きな稲穂数本を見つけ、これを持ち帰り、玖珂村の田中重吉に試作を依頼したのがはじまりという。数年の田中の試作選抜の結果、世に出た。はじめ「都鶴」と名づけられたが、のちに略して「都」と呼ばれるようになったという。

品種の特性：中生の長稈穂重型品種、分げつは多くなく穂は長大である。大粒で心白が多く、米質がきわめてよかったため、藩主のお膳米にも上がったという。加藤[1] は「万作」「伊勢錦」などとともにこの品種を「白玉」属に分類し、これらの品種が「関西市場ノ理想米」であり、「醸造用ニ賞揚セラル」と述べている。

普及の状況：防長米の元祖ともいわれ、明治32年 (1899) には山口県のほかに、すでに岡山、広島、徳島、長崎の各県で広く栽培されていた。明治前期には「白玉」とともに海外輸出用米として関西市場で好まれていたが、明治30年代になって輸出不振になると徐々に減退していった。品種別作付面積の最初の統計記録が残る明治41年 (1908) には、なお全国で35,116haが栽培されていた。

育種上の貢献：より早熟化をねらって、同じ山口県の伊藤音市が明治22年 (1889) ころに「都」から選抜・育成した「穀良都」がある。交配品種としては、農商務省農試畿内支場が母本として「畿内中10号」「畿内中21号」「畿内中92号」を育成したが、いずれも

それほど普及しなかった。

顕彰碑など：岩国市周東町上久原の県道7号沿い旧久田集会所敷地に顕彰碑が建っている。碑面には最上部に横書きで「都稲」とあって、下に縦書きで内海五郎左衛門碑と1行あって以下7行ほどの漢文がつづく。明治37年に建立された。

〈引用・参考文献〉

1）農事試験場（1908）「米ノ品種及其分布調査」『農事試験場特別研究報告』25号

2）嵐 嘉一（1955）「九州地方のおける水稲品種の変遷」『日本農業発達史』6　中央公論社

3）池 隆肆（1987）「山口県の稲民間育種の人々②」『農業技術』42

4）大脇正諄（1899）『米穀論』裳華房

森多早生（もりたわせ）

別名：森屋早生（もりやわせ）、森田早生（もりたわせ）

育成者：森屋正助（家号：多郎左衛門）（1892～1971）

育成年：大正2年（1913）

育成場所：山形県東田川郡余目町（現在は庄内町）

育成経過：「東郷2号」からの変種として選抜育成された。

品種の特性：1977年における福井県での栽培実験のデータによると、長稈・穂重型の早生種で玄米品質・食味は良好でなく、とくにタンパク質含有量が高かった。

育種上の貢献：大正10年ころ庄内地方で1,113ha作付けされたのが最盛期で、広い面積では栽培されなかった。この時期に「農林1号」の母本として

写真14　余目町の農民育種家たち
左から2人目が「亀ノ尾」の阿部亀治、6人目が「森田早生」の森屋正助　　　　（亀ノ尾の里記念館にて）

利用され、「コシヒカリ」の父方の祖母にあたり、遺伝的寄与は25％と大きい。その後「農林1号」が多くの優良品種の母本として利用されたことから、日本稲品種の改良に対する貢献は大きいと判断される。

森屋は大正10年に「森多早生」の変種から「満月糯」を育成した。

顕彰碑：顕彰碑は庄内町甘六木<small>（とどろき）</small>に建つ。平成元年に建立された。また庄内町南野の「亀ノ尾の里資料館」には、阿部治郎兵衛を最右翼に、「亀ノ尾」で有名な阿部亀治など7人の水稲育種家の肖像と功績が掲げられている。

付記：「森多早生」の品種名については「森田早生」と記したものも多いが、育成者森屋の「森」と屋号の太郎左衛門の「多」をとったもので、「森多早生」が正しい。農事試験陸羽支場が山形県から本種を取り寄せた際「森田」と誤記されたものが「農林1号」の親品種ということで、そのまま広まったといわれる[2]。

〈引用・参考文献〉

1) 菅 洋 (1983)『稲を創った人びと』東北出版企画

2) 菅 洋 (1984)「「森多早生」てん末記」庄内日報 (昭和59年7月29日号)

3) 石墨慶一郎 (1977)「コシヒカリおよびその姉妹品種の主要特性の由来に関する研究　1. 生育特性および品質・食味の由来について」『育種学雑誌』27：201-215

山崎糯（やまざきもち）

育成者：山崎永太

育成地：北海道上士別村 (現在は士別市)

育成年：大正8年育成

育成の経過：大正5年 (1916) に上士別村で「島田糯」を栽培中に、無芒で、ふ (稃) 先色が黄白色の固体を見出し、ヨード反応で糯固体を選抜、大正8年に特性の固定を確認し増殖した。大正13年に北海道農試上川支場が品種比較試験に供試。

品種の特性：早生糯の主力品種、粘りけが強。

普及の状況：昭和4年（1929）北海道農試が優良品種に認定。上川地方を中心に栽培され、昭和10年ころには「島田糯」に代わり、昭和30年ころまで「改良糯」とともに糯品種の主要品種になった。

育種上の貢献：

顕彰碑など：「山崎永太翁顕彰碑」が北海道士別市東2条4丁目、広通りのグリーンベルト内に建っている。

　山崎は富山県の生まれ。明治30年に来道、農業に従事、冷害を機に離農、一時北海道農試上川支場の常農として勤務。その後、上士別農会の技術員になり技術開発に専念。温冷床育苗（保護畑苗栽培）の創始者でもある。昭和35年、85歳で亡くなったが、死後士別市民葬が盛大に挙行された。

写真15　「山崎糯」の育成者「山崎永太翁顕彰碑」
（『記念碑に見る北海道農業の軌跡』より）

〈引用・参考文献〉

1)「記念碑に見る北海道農業の軌跡」刊行協力会（2008）『記念碑に見る北海道農業の軌跡』

2) 農林省農務局（1935）『農事改良資料』第97

山田穂（やまだほ）

育成者：山田勢三郎

育成地：兵庫県多可郡中町東安田（現在は多可町）

育成年：明治10年（1877）ころ

育成の経過：山田が自田から優良株を見つけて選抜、増殖して近隣に配布した。もともと中町東安田は一橋領で酒米の主産地であったという。こうした背景がこの品種を育てたのだろう。

育成者・育成経過に関する異説：他に下記の2説がある。

　（1）美嚢郡吉川町（三木市）説：年代は不詳だが、吉川町の田中新三郎が伊勢参りの帰途、三重県伊勢山田付近で採集した稲穂から育成した。

　（2）神戸市北区山田町説　八部郡山田村藍那の東田勘兵衛が河内の雌垣村（現在は大阪府茨木市）に良質品種のあるを聞き、その種子を入手して育成。地名にちなみ「藍那穂」

または「山田穂」と呼ばれた。

品種の特性：中生、長稈・穂重型、大粒、品質優良で酛米として高評価。

普及の状況：明治41年（1908）の記録では、兵庫県稲作のほぼ5%を占めた。作付面積：12,151ha（1925）

育種上の貢献：酒米として著名な「山田錦」は昭和11年（1936）に兵庫県農事試で山田穂×「短稈渡船」(「雄町」の改良種)から育成された。「山田錦」は青森県の「おくほまれ」「華吹雪」、宮城県の「蔵の華」、長野県の「美山錦」、愛知県の「夢山水」、兵庫県の「兵庫夢錦」「なだひかり」、広島県の「千本錦」など、多くの酒米改良で親として利用されている。

顕彰碑など：兵庫県多可町東安田に山田勢三郎頌徳碑が建つ。

〈引用・参考文献〉

1）農商務省農事試験場（1908）「米ノ品種及其分布調査」『農事試験場特別研究報告』第25号

2）池上 勝ほか（2005）「酒米品種「山田錦」の育成経過と母本品種「山田穂」「短稈雄町」の来歴」『兵庫県農林水産総合センター研究報告　農業編』53号

わ

早生大野（わせおおの）

育成者：須藤吉之助

育成地：山形県東田川郡横山村（現在は三川町）

育成年：明治26年（1893）に抜き穂

育成の経過：自田で栽培していた「大野」（大沼作兵衛育成）のなかから早生の変異株を見つけ、これを抜き取って選抜育成した。

品種の特性：白色有芒、草丈は中位、分げつは少ない。稈は太く長く、穂は長大で粒着密、多収である。いもち病耐病性は弱で、多肥栽培には不適。米粒はやや大きく、米質は腹白米が多く不良である。

普及の状況：明治20年ころ庄内地方には「大野早生」が普及していたが、中生で多肥条件に弱かったため、これに代わるより早生で耐肥性の品種として普及した。大正3年か

ら昭和11年（1936）まで、山形県の奨励品種に選定されている[5]。大正9年（1920）には岩手・秋田・宮城の各県にまで広がり、最高13,006haに達している。ただ昭和9年（1934）の大冷害ではいもち病が多発し被害を拡大させたこともあり、以後、急激に減少した。

育種上の貢献：大正10年代に秋田県農試、岩手県農試で交配親として利用、「秋田1号」「岩手水稲4号」などという品種を育成している[3]。

〈引用・参考文献〉

1）佐藤藤十郎（1939）「山形県に於ける民間育種の業績」『農業』706号

2）鎌形 勲（1953）『山形県稲作史』農林省農業総合研究所

3）忠鉢幸夫（1965）『荘内稲づくりの進展』農村通信社

4）九州大学稲データベース（https://sigen.nig.ac.jp）

5）佐野稔夫（1956）「東北地方に於ける水稲品種に関する研究」『宮城県農試報告』第22号

（西尾敏彦）

2

収集した
全在来品種の解説

表1　水稲在来品種一覧（総計：295品種）

	①品種名	②ひらがな	③育成者	④育成年	⑤育成地
【あ】	相生*	あいおい	浅田嘉蔵	明治3年（1870）ころ	愛媛県伊予郡
	相川 （晩宇和島）**	あいかわ	川井亀次	明治28年（1895） 抜穂	高知県土佐郡森村相川（土佐町）
	愛国*・**	あいこく	本多三学 窪田長八郎	明治22年（1889）	宮城県伊具郡舘矢間村（丸森町）
	相徳	あいとく	村上徳太郎	明治23年発見 明治34年命名	愛媛県伊予郡原町村川井（砥部町）
	赤毛*・**	あかげ	中山久蔵	明治6年（1873）	北海道札幌郡広島村島松 （北広島市）
	赤紅屋（赤弁屋）	あかべにや		江戸時代 （文久元年以前）	佐賀県
	旭*・**	あさひ	山本新次郎	明治42年（1909）	京都府乙訓郡向日町字物集女 （向日市物集女町）
	旭（日ノ出）	あさひ	西川初蔵・幸太郎	明治20年ころ（1887）	北海道亀田郡大野村（北斗市）
	旭早稲（雀不知）	あさひわせ	森田由松	大正8年（1919）	奈良県生駒郡富雄村字中
	厚別糯（チンコ糯）	あつべっちんこ	中沢八太郎	明治30年ころ	北海道札幌郡白石村 （札幌市白石区）
	荒木 （あらき）*・**	あらき	荒木村の土民	元禄年間 （1688〜1704）	伊賀国阿拝郡荒木村（伊賀市）
	荒木**	あらき	椎名順蔵	明治20年（1887）	千葉県香取郡多古村（多古町）
【い】	イ号（新イ号）**	いごう	佐藤弥太右衛門	明治40年命名 （1907）	山形県西田川郡東郷村 （三川町西部）
	井越白毛1号	いごししろげ	井越和吉	大正初年	北海道檜山郡泊村（江差町）
	井越糯	いごしもち	井越和吉	明治29年（1896）	北海道檜山郡泊村（江差町）
	井越早稲**	いごしわせ	井越和吉	明治37年（1904）	北海道檜山郡泊村（江差町）
	石上糯	いしがみもち			栃木県那須郡野崎村石上 （那須町石上）

⑥来歴、特性・形状、適地・普及面積、その他	⑦引用・参考文献
備中伝来の「一本稲」から選抜。中生、明治10年代に愛媛県北中予地方に普及	3)、6)、52)、53)、65)
明治28年に川井が愛媛に旅した際抜き穂して持ち帰った種子（「晩宇和島」？）から選抜。大正3年に長岡村井口宗吉（宇吉）が二期作栽培に成功、品種名を「相川」と命名。（異説あり）作付面積4,736ha（1926）　川井亀次の墓碑に育成の記録（土佐町）	24)、46)、48)、52)
蚕種業者の本多が明治22年に静岡県青市村（現在の南伊豆町）の同業者外岡由利蔵から取り寄せた種子が起源、試作を窪田に依頼。試作中に出穂が1週間ほど早まり多収になった。明治25年に「愛国」と命名。丸森町に豊穣の稲「愛国」発祥の地記念碑。作付面積240,372ha（1932）	9)、12)、16)、17)、19)、20)、21)、23)、26)、32)、38)、40)、51)、52)、53)、63)
明治23年に「相生」の栽培中に変穂を発見、以後選抜をつづけ明治34年に命名。主に愛媛県内で普及。晩生、中粒，いもち病には強。作付面積9,365ha（1908）	9)、16)、24)、26)、48)、65)
中山が明治6年大野村から取り寄せた種子が起源。赤い長芒を有し、極早生・長稈・穂重型で、低温発芽能力が高く、耐冷性強、直播栽培に向く。「寒地稲作発祥の地」記念碑（北広島市）。作付面積769ha（1926）	11)、19)、20)、24)、30)、41)、52)、61)
早生、江戸末期から明治中期にかけて佐賀・福岡県の平坦地で3化メイ虫回避の後作用として普及。無芒、小粒。作付面積佐賀県内で8,379ha（1908）	39)
収穫時に倒れた「日の出」のなかに倒伏しない1株を発見、以後その種子を試作したところ、多収・良質で熟色もよかったため「朝日」と命名（後に「旭」に改名）。一説には隣接田の「神力」との自然交雑といわれる。晩生（九州では中生）倒伏少で多肥で多収。「朝日稲」碑（物集女町）作付面積502,632ha（1939）	20)、24)、26)、32)、39)、40)、52)
「地米」と水口用の「岩崎冷水稲」との自然交雑種か。7年をかけて明治20年ころ固定。赤芒	41)
無芒の「珍子坊主」のなかから有芒の優良穂を見つけて育成。はじめ「雀不知」と命名	24)、25)、52)
札幌興農園より購入した糯稲から選出。穂数型。広島村松原福蔵がこの品種から「改良糯（松原糯）」を育成	30)、41)、52)、61)
江戸中期の書『三国地誌』によれば、伊賀国荒木村に荒木種という稲種があり晩生「元禄年間本邑ノ土民髭小粒ト云黒稲ノ中ヨリ之ヲ出ス依テ荒木白子トモ荒木トモ云」とある。晩生、穂重型、乾田向き。江戸農書『菜園温古録』（1866、茨城）『耕作仕様書』（1842、埼玉）『北越新発田領農業年中行事』（1830）に記載	31)、52)、57)、60)
晩生、長芒、長稈・分けつ少、着粒粗、中粒・光沢あり、良食味。伊勢の「荒木」とは、何らかの関係がありそうだが不明。第4回内国勧業博（1895）には埼玉など5県から出品受賞。作付面積15,860ha（1908）	5)、6)、9)、17)、24)、31)、52)
明治35年、「敷島」と「愛国」を併植した田から白色有芒短稈の自然雑種を発見し、これから選抜をつづけ明治40年に固定命名。中生、短稈、分げつやや多。大正10年山形農試が系統分離、最多作付面積18,976ha（1927）	24)、25)、27)、29)、42)、52)、55)、56)
晩生・穂重型。大正末〜昭和初の渡島地方の主要品種	25)、52)、61)
北海道檜山地方および後志の一部で栽培	25)、52)、61)
明治26年から13種の自然交雑を期待して種籾を混合して栽培、そのなかから明治37年に優良株を選抜した。中芒、穂数型に近く早熟多収。品質は不良だが、北海道稲作北進に大きく貢献した品種のひとつ。作付面積2,625ha（1926）	11)、19)、24)、25)、30)、41)、52)、61)
野崎村石上で昔時選出	6)

（表1　水稲在来品種一覧　のつづき）

	①品種名	②ひらがな	③育成者	④育成年	⑤育成地
	石白（坊主）**	いしじろ	石次郎	慶応年間	富山県砺波郡
	萎縮不知	いしゅくしらず	吉祥院村興農会	明治23年（1890）	京都府紀伊郡吉祥院村 （京都市南区）
	泉金子	いずみかねこ	富樫雄太	大正11年（1922）	山形県飽海郡荒瀬村（酒田市）
	出雲（早生）*	いずも		明治30年ころ	広島県？
	伊勢錦**	いせにしき	岡山友清	万延元年（1860）	三重県多気郡五カ谷村（多気町）
	一ノ山 （梅松豊後）	いちのやま	斎藤太郎作	天保13年（1842）	秋田県由利郡小友村 （由利本荘市）
	一本千 （一本・一本稲）	いっぽんせん		江戸中期には存在	広島県？
	庵原5号	いはら	小笠原太郎	昭和初年？	静岡県庵原郡庵原村 （静岡市清水区）
	胆振早生	いぶりわせ	曽川某	大正10年（1921）	北海道帯広町伏古三線 （帯広市）
	今田糯	いまだもち	今田三郎	大正11年（1922）	山形県飽海郡上郷村 （酒田市南東部）
	磐田朝日	いわたあさひ	青島角太郎	明治31年（1898）	静岡県磐田郡向笠村新屋 （磐田市東部）
	岩ノ下 （良山・会津早稲）	いわのした	田村万右衛門	文政年間orそれ以前	新潟県中魚沼郡吉里村岩ノ下 （津南町）
【う】	羽後の華	うごのはな	堀年雄	大正13年（1924）	山形県飽海郡中平田村（酒田市）
	牛若	うしわか	長野某または倉住 助一	明治39年（1906）	山口県吉敷郡大内村（山口市）
	卯年早生	うどしわせ	本間農場	昭和2年（1927）	山形県飽海郡酒田村（酒田市）
	卯平治（卯平次）	うへいじ		明治以前？	佐賀県
【え】	栄吾*・**	えいご	植松（上松）栄吾	嘉永2年（1849）	愛媛県温泉郡堀江村（大栗村） （松山市堀江）
	栄（永）作糯	えいさくもち	小関栄作	明治32年（1899）	山形県最上郡稲舟村（新庄町）
【お】	王子千本	おうじせんぼん		明治前	山陽
	大邦	おおくに	本間農場	昭和7年（1932）	山形県飽海郡酒田村（酒田市）
	大野1〜4号	おおの	大沼作兵衛	明治42年迄に	山形県東田川郡八栄里村（庄内町）

⑥来歴、特性・形状、適地・普及面積、その他	⑦引用・参考文献
はじめ「石次郎」、後に「石白」に。中の晩生、草丈やや短、分げつ多、無芒、いもち病弱。収量中～多、中粒、米質中。北陸で中生だが、畿内で早生、東北地方では晩生。（ただし加賀藩資料にも登場。北陸4県に分布）　作付面積45,170ha（1919）	4）、5）、6）、9）、31）、32）、38）、59）
萎縮病の多発に悩み、村興農農会が無被害株を明治23年（1890）に発見して以後試作育成。晩生糯	
「酒井金子」の変種	52）
広島県原産か。幕末から中四国を中心に関東・九州にまで普及。早生・中稈、倒伏に強、いもち病に強。①明治40年ころの全国作付面積4,779ha、広島・高知に普及、広島県3,697ha、高知県1,082ha	8）、9）、35）、53）、54）、63）
嘉永2年に「大和（あるいは大和錦）」から変わり穂を発見、11年間試作し万延元年に普及。中生、長稈、分げつ中、無芒、大粒、良質。明治28年（1895）内国勧業博には滋賀・三重など5県が出品受賞。作付面積16,745ha（1919）岡山友清記念碑（多気町）、普及に貢献した野呂清助彰功碑（多気町）	1）、5）、6）、8）、19）、20）、32）、33）、52）
巡国の途次、富士山麓の田より採取して帰り育成。中生の晩、無芒、中粒、良質	7）
17世紀に広島・愛媛に見られて以降、中四国、北九州を中心に南関東に至るまでの地域に類似の名称の品種が広く分布。穂数型品種第1号か。最古の品種のひとつで「清良記」に中生の早との記載がある	31）、53）
「太郎吉」から選出	52）
洞爺地方から種子を取り寄せ栽培。同地の各種在来種か。少げつ穂重型、早熟、低温発芽性強、稚苗の生育旺盛。「農林20号」の親	61）
「山寺糯」×「女鶴糯」、最多作付面積1,283ha（1942）	27）、55）
「神力」の変わり穂から選抜。明治37年より「朝日」と命名、周囲に普及。大正元年に磐田郡農会が簡単な純系淘汰を行ない「磐田朝日」として一般に普及させた	24）、52）
「本明」から異穂3茎を発見、試作の上増殖。やせ地・山間での栽培に適。昔は赤白の2種があったが、明治40年代には白種のみ。作付面積新潟県で1,829ha（1914）、新潟県奨励品種	13）、36）、45）
「イ号」×「酒田早生」の交配種。良質で耐肥性	52）
「金時」または「弁慶」から撰出。「神力」系の極早生、大正4年ころから山口県内に普及。大正9年山口県奨励品種	19）、25）、52）
「万石」の変種、早生の晩。最多作付面積470ha（1934）	27）、42）、52）、55）
晩生。どちらかといえば穂数型品種。佐賀県神崎・佐賀・小城郡に分布。作付面積約7,000ha（1908）	8）、39）
四国巡礼の際、土佐國幡多郡山谷の溝中から稈茎長大で強健、籾形肥大麗美な稲を発見、同村河内又次郎の助力を得て育成。中生、長稈、大粒で光沢あり，貯蔵性大。明治28年（1895）内国勧業博に入賞	3）、5）、6）、8）、9）
「ヤシヤギ糯」の変種。山形県で1,278ha普及（1925）	52）
早生、国立農事試験場の初期試作で良質多収の評価	32）
昭和7年（1932）に「大八洲」×「信州」を交配。作付面積166ha（1945）	52）、56）
自然交雑で耐いもち病品種育成。庄内町「亀ノ尾の里資料館」に展示	52）

（表1　水稲在来品種一覧　のつづき）

①品種名	②ひらがな	③育成者	④育成年	⑤育成地
大野早生** （治郎兵衛）	おおのわせ	阿部治郎兵衛	明治3年(1870)発見 明治14年(1881)育成	山形県東田川郡八栄里村（庄内町）
大場*・** （吉平坊主）	おおば	西川長右衛門	文久元年（1861）	石川県河北郡大場村（金沢市）
大場糯*（三四 郎糯）＋44：47	おおばもち	武田米次郎	明治32年（1899）	富山県砺波郡林村紺屋敷(砺波町)
大宮錦	おおみやにしき	斎藤政雄	昭和15年発見	山形県酒田市大宮
小川糯	おがわもち	小川鉄蔵	大正8年（1919）	北海道上川郡氷山村（旭川市）
晩白笹	おぐしろささ			静岡県原産
奥田穂	おくたほ	奥田甚兵衛	明治初年?	京都府紀伊郡吉祥院村 （京都市南区）
長一本（浜一 本・中生一本）	おさいっぽん	彦四郎	明治10～11年 （1877～1887）	島根県簸川郡国富村（出雲市）
渡島糯	おじまもち	品川兼吉	明治10年頃	北海道亀田郡大野村（北斗市）
音撰	おとせん	伊藤音一	明治22年（1889）	山口県吉敷郡小鯖村（山口市）
雄町*・** （渡船?）	おまち	岸本甚造	安政6年発見(1859) 慶応2年育成（1866）	岡山県上道郡高島村字雄町 （岡山市中区）
小山早生	おやまわせ	小山太左衛門	大正13年（1924）	宮城県桃生郡野蒜村 （東松島市野蒜）
【か】改良石臼	かいりょういしじろ	今井宗三郎 （1839～1904）	明治32年（1899）	富山県東砺波中野村（砺波市中野）
改良大場	かいりょうおおば	今井辰蔵 （1873～1945）	明治35年（1902）	富山県東砺波中野村（砺波市中野）
改良中川 （坂戸愛国） （中川愛国）	かいりょうなかがわ	横田瀧蔵 中川伊与吉 石川重太郎	明治30年（1897）	埼玉県入間郡坂戸村（坂戸町）
改良錦	かいりょうにしき	森屋（谷）良助	明治41年（1908）	神奈川県愛甲郡南利毛村（厚木市）
改良豊後	かいりょうぶんご	丸山金平	明治41年（1908）	宮城県柴田郡大河原村小山田
香早生 （六八日早生・ 二十日早生）	かおりわせ	鈴木孫十郎	明治26年（1893）	北海道江別屯田（江別市）
鹿倉錦	かくらにしき	鹿倉萬吉	大正6年育成（1917）	埼玉県入間郡山田村山田(川越市)

⑥来歴、特性・形状、適地・普及面積、その他	⑦引用・参考文献
不作の明治3年、「甚兵衛」のなかに長さが5寸の穂を発見、抜き穂し、以後選抜を繰り返し育成。早生、中粒、美味で、水害に強い。当時としては多収。山形県で作付面積5,646ha（1921） 庄内町「亀ノ尾の里」資料館に展示	52)
文久元年（1861）に有芒の「巾着」から選出した無芒種。「農林1号」の母「森多早生」の原品種。中生、長稈、いもち病・菌核病に弱、砂質・秋落ち田に適。作付面積51,938ha（1908）	5)、9)、17)、19)、20)、26)、32)、36)、42)、45)、52)、59)
明治29年に東砺波郡種田村から購入した「石白糯」の栽培中、早熟の優良穂3穂を発見、さらに選抜。明治32年に固定を確かめて近隣に頒布	24)、52)
「京錦3号」の変種から抜き穂選抜。山形県で4,409ha（昭和27年）	42)、55)、56)
「厚別糯（チンコ糯）」より選出	24)、52)
草丈低く、分けつ中位、極晩生、小粒。病虫害に強。静岡・愛知県で広く栽培。大正9年に鹿児島奨励品種	16)、60)
奥田が多数の良種を収集、播磨から得た良種を「奥田穂」と名づけて、近隣に普及。明治8年の郡品評会で多収のため好評。水害に強。記念碑（旧吉祥院村天神大橋東）	32)、34)
17世紀以降、中国地方を中心に普及した一本系品種のひとつ。晩生、20世紀はじめに島根県で普及。作付面積5,566ha（1908）	32)、39)
「在来糯」（寛永年間、東北より移入）から選抜改良。赤芒、晩熟、良質。渡島地方に広く栽培された。大正13年限定優良品種に指定。作付面積513ha（1926）	24)、41)、52)、61)
「都」より早熟のものを得ようと選出。大正5年、山口県の原種に指定された	9)、19)、20)、24)、52)、58)
岸本（服部平蔵説もあり）が伯耆大山参拝の帰途、道端の水田から採集の2穂を数代にわたって抜き穂を繰り返し育成。近畿・山陽では中晩、長稈で分げつ少、病害発生少。芒は中〜長、ないものもある。大粒・心白多、米質は上の上、酒米で高評。第4回内国勧業博（1895）には京都など7県から出品受賞。作付面積113,311ha（1908） 岡山県では平成29年現在奨励品種。岸本甚造翁碑（岡山市）	1)、6)、9)、10)、16)、17)、20)、24)、32)、37)、38)、39)、52)、60)、62)
「大野早生」から選出	51)
「石白」から選出	9)、31)、52)
「大場」から選出	9)、31)、52)
横内が明治30年に山形市から持ち帰り「坂戸愛国」と命名。後に中川が改良、明治35年に「中川愛国」と命名。さらに石川が改良	25)、52)
「荒木」×「早生神力」の自然雑種から育成。中生、稈は強大、分げつ中位、無芒、多収良食味。昭和2年から神奈川県農試が純系淘汰。昭和7年県奨励品種	24)、25)、26)、52)
「豊後」から抜き穂して育成。明治41年命名。大正3年宮城県で5,270ha。宮城県奨励品種（明治41年〜大正元年）	12)、51)
岩手県紫波郡見前村より導入試作。「赤毛」より10日早熟。香り米。耐冷性強で東北地方で水口用	30)、61)
大正3年、たまたま優良な2、3穂を発見、1本植えして鋭意改良、大正6年に固定	25)

(表1　水稲在来品種一覧　のつづき)

①品種名	②ひらがな	③育成者	④育成年	⑤育成地
春日* (吉兵衛早生)	かすが	田中公男	大正8年 (1919)	鳥取県西伯郡春日村 (米子市)
香取	かとり	香取農会	明治10年代?	千葉県香取郡
香稲	かばしこ		明治以前	大分県 (同類は九州など各県)
亀治*・**	かめじ	広田亀治	明治8年 (1875)	島根県能義郡荒島村 (安来市)
亀白	かめじろ	工藤吉郎兵衛	大正4年 (1915) 交配 大正9年 (1920) 命名	山形県西田川郡京田村 (鶴岡市)
亀ノ尾*・**	かめのお	阿部亀治	明治26年 (1893)	山形県東田川郡小出新田村 (庄内町)
刈羽神種	かりはしんしゅ	小川長吉	大正7年 (1918)	新潟県刈羽郡北鯖石村 (柏崎市)
刈子	かるこ		江戸中期には存在	新潟県
河邊糯	かわべもち	組谷五郎兵衛	明治17〜18年	秋田県辺河郡牛島村 (秋田市)
【き】 北部	きたぶ	西尾彦市	明治29年発見、明治35年育成 (1902)	島根県簸川郡久多美村東郷 (出雲市)
衣笠早生*・**	きぬがさわせ	鍋島菊太郎・吉川類次	明治32年 (1899)	高知県長岡郡衣笠村 (南国市)
吉備穂*	きびほ			岡山県吉備郡箭田村 (倉敷市)
久蔵糯	きゅうぞうもち	進藤久蔵	大正7年 (1918)	山形県南村山郡本沢村 (山形市)
久兵衛早生	きゅうべいわせ	長谷川久兵衛	昭和10年 (1935)	山形県西田川郡上郷村水沢 (鶴岡市)
京田坊主	きょうだぼうず	工藤吉郎兵衛	②大正10年交配、昭和4年命名 (1929)	山形県西田川郡京田村 (鶴岡市) (鶴岡市中心部)
京錦 (京錦1号)	きょうにしき	工藤吉郎兵衛	大正4年 (1915)	山形県西田川郡京田村 (鶴岡市)
京錦3号	きょうにしき	工藤吉郎兵衛	大正8年 (1919) 交配	山形県西田川郡京田村 (鶴岡市)
京ノ華	きょうのはな	工藤吉郎兵衛	昭和元年 (1926)	山形県西田川郡京田村 (鶴岡市) (鶴岡市中心部)
器量好	きりょうよし		明治前?	
巾着*	きんちゃく		17世紀?	関東

⑥来歴、特性・形状、適地・普及面積、その他	⑦引用・参考文献
田中が島根県能義郡宇賀庄村から持ち帰り淘汰選出。「改良早生」「吉兵衛早生」ともいわれたが、昭和6年「春日」と改称	24)、52)
「高砂」を改良して命名	9)
早生。粒に特有の香り。山間地方で栽培が多く、香りがよいため来客用に栽培	39)
病虫害に強い品種を求め「縮張」から抜き穂して選出。晩生、穂重型で草丈・茎数とも中位、稈は太く強稈、粒は中の大、脱粒難。いもち病に強く西南日本のいもち病多発地帯で普及。作付面積41,717ha（1932）。「台中65号」の親品種としても著名。広田亀次翁碑（安来市）	9)、17)、20)、24)、26)、32)、38)、39)、52)
大正4年「亀ノ尾」×「白玉」を交配、大正9年命名	52)
明治26年の冷害の年、隣村立谷沢村の冷立稲（「惣兵衛早稲」）のなかから、倒伏せず結実した3本の穂を発見。翌年から試作・選抜を重ね、明治30年に育成。長稈・分げつ中位の穂重型。当時としては耐冷性強。作付面積158,888ha（1919）阿部亀治頌徳碑（庄内町小出新田）・「亀の尾発祥の地」記念碑（庄内町熊谷神社）	12)、17)、20)、24)、25)、26)、27)、29)、32)、37)、38)、41)、44)、51)、52)、56)
「改良愛国」より選出。（異説あり）	52)
北蒲原郡の記載資料が最古、「雁子」が原名、市場では「加治川米」の名も。無芒、冷水の注ぐ所に適する。江戸中期、信濃高遠藩で栽培の記録あり	9)、13)、31)、57)
明治初年に在来糯から抜き穂を行ない選抜。「ふくれ糯」「羽二重糯」の名もあり、北海道にも移入	24)、52)
明治29年に「八重桜」を干した稲架跡で、翌年発芽した稲から選抜、明治35年に育成。強稈多げつ、多肥により増収	24)、26)、52)
鍋島が二期作栽培の第1期作用として「出雲早生」から極早の変異株を見つけて3年間育成。その種子を吉川がもらい、とくに早生の個体を選抜育成。極早生で感光性も高い。穂重型。稈長はかなり伸びるが強稈で倒伏難。不稔が多く米質不良、食味も劣。吉川類次翁頌徳碑（南国市大篠）	31)、46)、52)
箭田村で発見された	9)
「太郎兵衛糯」の変種	52)
「大国早生」の抜き穂から育成。昭和20年代に庄内地方でかなり栽培されていた。最多作付面積3,087ha（1950）	52)、55)、56)
大正10年に「亀ノ尾」×「京錦1号」を交配、昭和4年に命名	42)、52)
「のめり」×「寿」の交配種で「福坊主」の姉妹系統。大正14年に山形県農試が系統分離。作付面積4,073ha（1933）	24)、25)、27)、42)、52)、55)、56)
大正8年「福坊主」×「森多早生」の交配種、大正13年命名。山形県で作付面積1,675ha（1934）	24)、27)、52)、55)、56)
「酒の華」×「新山田」の交配種、昭和6年命名。最多作付面積112ha（1937）	52)、55)、56)
「神力」の前身。「早生神力」ともいわれる。「神力」より早熟の中生。形態・特性は酷似。米質・病害抵抗性「神力」に劣る	5)、16)、53)
中生、本邦中部・北陸で栽培。有芒、小粒、良質。17世紀末の育成か。岩手県の農業『軽邑耕作鈔』（1847）、富山県の『私家農業談』（1789）にも記述がある	5)、6)

（表1　水稲在来品種一覧　のつづき）

	①品種名	②ひらがな	③育成者	④育成年	⑤育成地
	銀坊主＊・＊＊	ぎんぼうず	石黒岩次郎	明治40年（1907）	富山県婦負郡寒江村（富山市）
	金柳糯1号	きんりゅうもち	佐藤彌太右衛門	大正13年（1924）	山形県西田川郡東郷村
【く】	九年隠	くねんかくし	加藤平五郎	明治25年（1892）	
	栗柄糯＊	くりがらもち	栗柄嘉籐次郎	明治43年（1910）	北海道上川郡当麻村（当麻町）
	黒毛＊・＊＊	くろげ	牧竹次郎	明治34年（1901）	北海道上川郡東川村（東川町）
	黒糯＊	くろもち	橋場吉次郎	明治42年（1909）	北海道東旭川村（旭川市）
	郡益＊・＊＊ （万蔵）	ぐんえき	小村由太郎	明治23年（1890）	島根県簸川郡布智村芦渡(出雲市)
【け】	源一本（富士）	げんいっぽん	伊藤源五郎	明治37年（1904）	静岡県安部郡安東村北安東 （静岡市葵区）
	元気糯	げんきもち	吉祥院村興農会	明治22年発見 （1889）	京都府紀伊郡吉祥院村 （京都市南区）
【こ】	幸撰	こうせん	加瀬某	明治24・25年 （1891・1892）	神奈川県橘樹郡日吉村南（川崎市）
	光明錦	こうみょうにしき	伊藤音市	明治33年（1900）	山口県吉敷郡小鯖（山口市）
	強力	ごうりき	渡辺信平	明治中期	鳥取県東伯郡下中山村下甲 （西伯郡大山町）
	國富（国益）	こくふ	金子角（覚）次郎	明治末?	群馬県勢多郡南橘村（前橋市）
	穀良都＊＊	こくりょうみやこ	伊藤音市	明治22年（1889）	山口県吉敷郡小鯖村（山口市）
	九重	ここのえ	阿部清太郎	大正4年命名（1915）	福島県石城郡磐城村
	小天狗＊・＊＊ （伊勢穂）	こてんぐ	広川乙吉	明治35年（1902）	広島県芦品郡広谷村（府中市）
	寿	ことぶき	工藤吉郎兵衛	明治43年（1910）交配 大正5年（1916）命名	山形県西田川郡京田村（鶴岡市）
	寿（滋賀）	ことぶき	藤川儀三郎	明治30年（1897）	滋賀県犬上郡大滝村(多賀町南部)
	こぼれ	こぼれ		江戸中期には存在	岐阜県?
	米ノ山	こめのやま		明治以前?	佐賀県

⑥来歴、特性・形状、適地・普及面積、その他	⑦引用・参考文献
施肥過多の「愛国」の田で倒れない、強稈で穂数も多くもち病にも強い稲を発見、以後試作をつづけた。中粒種で品質は中位、レンゲ後や湿田でもよく穫れる。食味はあまりよくない。石黒岩次郎翁碑（富山市野口）。北陸・山陰、九州山間部に普及、作付面積153,259ha（1939）。朝鮮半島でも昭和10年代に第1位500,402ha（1937）普及	17)、22)、26)、32)、40)、52)、59)
「金左衛門」×「柳糯」の交配種	52)、56)
「今撰」と「神力」の混植により育成。極晩生、穂数型、倒伏に強。中粒、良質	8)、43)
上川郡神楽村の西御料地で「坊主」から選出。少肥向き、耐冷性、良質。昭和中期まで栽培されていた	24)、30)、52)、61)
「赤毛」から早熟株を選抜。草丈はやや短、分げつはやや多。暗褐色の長芒を有す。「赤毛」「坊主」より早熟。中粒で品質は中の下、多収だがいもち病に弱。昭和初期まで相当栽培された。北海道での作付面積51.9ha（1926）	19)、41)、52)、61)
「坊主」より選出。早熟	61)
明治17年に能義郡より「母里早生」の種子を得て、大粒穂を求め年々淘汰、明治23年に育成。早生、草丈低く分げつ少だが、強稈。いもち病など病気に強。米質良好腹白少。ワラ細工に適す。明治28年第4回内国勧業博で有功3等賞受賞	5)、9)、14)、16)、17)、24)、31)、52)、60)
「神力」の変わり穂から選抜し、以後継続試作したところ、成績優良のため命名普及。明治40年ころには安部郡一帯に普及	24)、52)
かねて萎縮病の多発に悩んでいた興農会が明治22年に無被害株を発見して、以後試作して育成。中生糯	31)
加瀬地区で栽培されていた「幸蔵」から選出。晩熟・中粒・中質	9)
「都」から早熟株を選出、育成。無芒、長稈、分げつ少、倒伏しやすい。耐病性強。粒中、良質	9)、24)、52)、58)
渡辺が土地の在来種から選抜。草丈とくに高く、大粒、心白多く酒米に適。大正4～10年、鳥取県農試が純系淘汰を行ない、「強力1・2号」を育成、奨励品種に。強力1・2号の作付面積10,225ha（1926）。平成13年、食糧庁の醸造用産地銘柄品種に認定され地域特産地酒用として復活	19)、25)、64)
「関取」が晩熟であるため、同種から変異株を選出。「国益」ともいう	5)、9)、24)、52)
「都」から成熟期のより早い品種の選出を願って数年系統選抜をつづけて育成。中生、草丈高。分げつ少。成熟は「都」より2週間早。無芒大粒、心白多、良質で輸出・酒米向き、耐病性強。伊藤音市翁功徳碑（山口市小鯖地区）作付面積32,226ha（1919）、朝鮮半島で大正末～昭和10年に1位463,374ha（1930）	9)、17)、20)、24)、32)、39)、41)、52)、58)
大正元年に「愛国」のなかから変種を発見育成。大正4年に「九重」と命名	25)、52)
明治32年ころ、極晩生の在来品種と「雄町」「神力」を混植、自然雑種のなかから株張りと穂状・粒の良好なものを選び、淘汰を行ない明治35年育成。晩生、草丈・分げつ中位、無芒、大粒で品質上。いもち病やや強、ウンカ害少。作付面積10,650ha（1927）	9)、24)、26)、35)、52)
「敷島」×「亀ノ尾」の交配種。きょうだい品種に「珠廉」「張」がある	9)、56)
「竹成」の変わり穂から選抜。作付面積9,260ha（1908）	5)、24)、52)
江戸中期に東海地方で栽培の記録が多い。明治40年ころには全国作付面積7,828ha。岐阜県に多く6,193ha（1908）	9)、57)、60)
栽培はきわめて古く、大正末まで栽培された。中生種、明治40年に佐賀県で作付面積7,000ha（1908）	9)、39)

（表1　水稲在来品種一覧　のつづき）

①品種名	②ひらがな	③育成者	④育成年	⑤育成地
小涌谷	こわきだに	佐藤甚太夫	明治4年（1871）	宮城県桃生郡鹿又村（石巻市鹿又）
権八*	ごんぱち		明治中期?	徳島県?
【さ】酒井金子	さかいかねこ	富樫雄太	明治41年（1908）	山形県飽海郡西荒瀬村（酒田市）
酒田早生* （万石2号）	さかたわせ	本間敬治 （本間農場）	大正3年発見（1914）	山形県飽海郡酒田村（酒田市）
魁**	さきがけ	角田作右衛門	明治41年（1908）	北海道上川郡氷山村（旭川市）
作田糯	さくたもち	作田栄次郎	明治42年交配、大正5年（1916）育成	石川県石川郡中奥村（白山市）
酒ノ華	さけのはな	工藤吉郎兵衛	大正10年（1921）	山形県西田川郡京田村（鶴岡市）
薩摩（都）	さつま		明治17～18年移入	鹿児島県
沢田穂*	さわだほ	沢田宗治	明治28・29年（1895・1896）	奈良県生駒郡本多村
早良坊主	さわらぼうず			福岡県
三宝（三盆米）	さんぼう	南光坊の僧、寛雄	天明年間（1781～1789）	愛媛県越智郡別宮村（今治市別宮町）
【し】敷島**	しきしま	工藤慶次郎（吉郎兵衛）	明治37年抜き穂、明治42年命名	山形県西田川郡京田村（鶴岡市中心部）
敷田穂（式田穂）	しきたほ	式田喜平	明治末?	奈良県磯城郡川東村（田原本町）
敷豊	しきゆたか	佐藤弥兵衛	大正2年	山形県西村山郡寒河江町（寒河江市）
地米*・**	じこめ	松田泰次郎(改良)	天保初年に北海道に移入	北海道亀田郡大野村（北斗市）
十石**	じっこく		昭和初期?	福岡県筑後地方
島田糯	しまだもち	島田利吉・虎三郎	明治39年	北海道東旭川村
島ノ鶴	しまのつる	工藤吉郎兵衛	昭和4年（1929）	山形県西田川郡京田村（鶴岡市）
縞（島）坊主	しまぼうず			新潟県中魚沼郡

⑥来歴、特性・形状、適地・普及面積、その他	⑦引用・参考文献
「涌谷」より抜き穂により選抜。明治30年前後は桃生郡の6割に普及。その後、「亀ノ尾」の普及に伴い減退。宮城県で奨励品種（大正4～5年）	12）、51）
中生、中粒、稀に芒を有す。倒伏には強。作付面積：8,061ha、とくに徳島県で6,182ha（1908）	8）、9）
「信州金子」の変種、山形県で最多作付面積2,380ha（1921）、秋田・山形県で奨励品種	27）、29）、52）、55）、56）
無芒の「万石」の田から白色有芒の変種を発見育成。草丈中位、分げつは少ないが強稈、倒伏に強く着粒密で穂は大、多収品種。昭和2年に山形農試が系統分離、奨励品種に選定。作付面積9,538ha（1932）	24）、25）、27）、29）、52）、55）
「鷹栖村より取り寄せた」とあるが、原種不明。当時の最早熟種。草丈はやや短、分げつやや多、芒は「黒毛」より短く、暗褐色の長芒を有す。穂揃いは悪く、品質は下の中、収量少。作付面積768ha（1926）	19）、24）、30）、37）、52）、61）
「大場糯」×「平六糯」の交配種、明治42年に交配、大正5年に育成（民間育成の交配品種第1号か?）。早生、芒：稀短、粒：中の大、品質：上の下、倒伏・いもち病ともに少。作付面積1,382ha（1933）。昭和3年から石川県農試の比較試験、昭和7～14年石川県奨励品種	24）、25）
「亀白」×「京錦」の交配種、中生無芒軟質米で心白多、耐肥性強で多収。最多作付面積197ha（1930）	27）、52）、55）、56）
山口県の「都」を明治17～18年に鹿児島に導入。明治30年ころから「薩摩」と呼称。中生。明治41年には鹿児島県内での作付面積2,000ha	9）
在来種「白玉」から早生種を選抜。早熟、小粒、良質、収量も少なくない	9）、24）、52）
「萬作坊主」より選出	9）
高野山参詣の折、三宝院の籾種を持ち帰る。晩生（中生とも）、大粒で米質良く、明治20年代に関西市場で高評価	3）、53）、65）
変種を得る目的で「愛国」を2ha程栽培、最も早熟の株を抜き穂、その後収量・米質の選抜淘汰を行ない育成。稈長中位、強稈多げつで増肥多収向き。耐いもち抵抗性にまさる。作付面積2,413ha（1913）	9）、27）、32）、52）
中生、大粒、良質、奈良県内に普及しているが面積は多くない	9）、52）
「敷島」×「豊国」の交配種	52）
天保初年に青森県から大野村に入り土着。その後、他の品種がつぎつぎに移入されて混ざり、より雑ぱくな品種となり、主に渡島地方に普及していたが、明治のはじめに松田がこれから「地米」（白芒）を作出した。渡島地方で栽培されていた稲には「地米」の血を引くものが多い	11）、25）、30）、52）、61）
戦後の食糧難時代、北九州の多収穫農家に愛用された多収品種。誕生は昭和初期、島根県から導入か。短稈、穂大、倒伏に強で耐肥性強、やや大粒で多収。米質は不良だが、食味は良。いもち病・白葉枯病に弱。「ホウヨク」「シラヌイ」などの育成に貢献。作付面積17,188ha（1961）	49）、53）
利吉が栽培中の「赤毛」のなかに黒色芒に変異株を見つけ、その2穂を採取。その1穂を実弟虎三郎が増殖。昭和10年ころまで相当つくられていた	41）、61）
「敷島」×「鶴ノ糯」の交配種、大正8年に交配、昭和4年に命名	52）、56）
飛騨地方の在来種か?　「銀葉」より選出。草丈高く、分げつは少。強稈、無芒の晩生種	5）、9）、16）、60）

（表1　水稲在来品種一覧　のつづき）

①品種名	②ひらがな	③育成者	④育成年	⑤育成地
〆張糯	しめはりもち			新潟県西蒲原郡？
重治（次）郎早生*	じゅうじろうわせ	木村重太郎	昭和10年（1935）	山形県西田川郡大山村（鶴岡市）
重兵衛関取	じゅうべいせきとり	中山重兵衛	明治末？	群馬県多野郡神流村（神流町）
上州	じょうしゅう			栃木県茂木
庄撰	しょうせん	田所庄太郎	大正2年（1913）	高知県香美郡岩村字福田（南国市）
昭和選	しょうわせん	黒沼忠兵衛	大正13年（1924）	山形県南村山郡柏川伝村
昭和2号	しょうわ	佐藤彌太右衛門	大正10年（1921）交配	山形県西田川郡東郷村（三川町西部）
昭和糯	しょうわもち	高野某	昭和13年（1938）	新潟県蒲原郡五十公野
白笹	しらささ			静岡？
白玉**（豊前白玉）	しらたま	東谷村の彌作	嘉永2年（1849）	福岡県企救郡東谷村母原（北九州市東部）
白毛*	しろげ			北海道渡島地方？
白千本*・**	しろせんぼん			愛知・静岡・愛媛県？
白道海	しろどうかい			佐賀県？
白ひげ	しろひげ		嘉永2年ころ（1849）	青森県から北海道亀田郡大野村（北斗市）に移入
白紅屋*・**	しろべにや		明治30年前後？	佐賀県
白坊主	しろぼうず			高知県？
白万七*	しろまんしち			新潟県中魚沼郡
新石白（与三次郎）	しんいしじろ	辻田与三次郎	大正5年選抜開始（1916）	富山県西礪波郡若林村（砺波市）
新大野	しんおおの	斎藤元三郎	大正10年（1921）	山形県鶴岡町（鶴岡市）
信州金子（信州、金子）	しんしゅうかねこ		明治末期	長野県
神授早生*	しんじゅわせ	鈴木豊太郎	大正7年（1918）	山形県西田川郡東郷村（三川町）
身上早生（蒲谷早生）	しんじょうわせ	高橋安兵衛	明治15年ころ	静岡県賀茂郡青市村（南伊豆町）

⑥来歴、特性・形状、適地・普及面積、その他	⑦引用・参考文献
脱粒性難、適応性大。いもち病に弱、少収。作付面積は新潟県で3,056ha（1926）　新潟県が大正13年より純系淘汰、昭和3年奨励品種	25）、59）
「新のめり」の変種から赤い芒の変異株を見つけて育成。最多作付面積3,816ha（1949）	52）、55）、56）
「関取」から早熟の株を抜き穂して育成	9）、52）
下野国竹原村文書、小貫宗右衛門「大福田畑種蒔仕濃帳」（1827）に、中生との記載がある。東北では晩生。「農林6号」の母品種で、後代から「コシヒカリ」が生まれている	57）
高知県の二期作栽培の1期作用品種。「衣笠早生」から撰出。出穂期が衣笠早生より1週間ほど遅いが、不時出穂・不稔が少なく、安全性が高い。普及面積1,212ha（1933）	48）、52）
高知県の水稲二期作栽培の1期作用品種。「秋田坊主」の変種	52）
「イ号」×「愛国」の交配種。昭和2年の東北冷害で耐冷性を発揮。最多作付面積2,597ha（1937）	27）、55）、56）
「一本」より選出	52）
無芒で草丈中、多げつ、小粒多収。愛知静岡から鹿児島まで栽培。作付面積28,161ha、うち静岡県12,383ha（1908）	9）
日向國生目八幡参詣の帰途見つけた稲穂から選出。中生、九州では早稲に近い。無芒ないし短芒、穂重型、大粒、白濁・良質。酒米や寿司米に適。「神力」以前に山口県で最も普及していた。第4回内国勧業博（1896）には京都など22県から出品受賞（全国1位）。作付面積52,191ha（1908）	5）、6）、9）、16）、17）、20）、32）、38）、39）、52）、60）
長桿穂重型。古くから渡島地方で栽培。大正年代から昭和10年代にかけて渡島地方で限定優良品種。作付面積769ha（1926）	19）、30）
愛知県農試岩槻信治らによって耐倒伏性育種材料として利用された。半矮性、超短稈多げつ、超多収。「千本旭」「黄玉」などの交配親として活用された	5）、60）
晩生、小粒。どちらかといえば穂数型品種。ほかに「道海」「赤道海」「雄道海」などがある。作付面積約7,000ha（1908）	9）、39）
原名は「柳早稲」か。「地米」と同種ともされるが、「地米」に比し芒はやや長く、白色を呈し、やや晩熟という	11）、61）
早生、密植に適し、多収。ただし白葉枯病に弱い。無芒、小粒、米質はとくに良好で粘りがある。佐賀県と福岡・長崎県の隣接部のいわゆる3化メイ虫回避二期作栽培地帯（高知と異なり別の田を利用）で1期作用として普及、大正になって移植期が引き下げられるとともに消滅した。作付面積明治44年に佐賀県で5,000ha（10%）	9）、15）、25）、38）、39）
明治40年ころには高知県稲作の2.5割を占めていた	9）
「万七」より選出	9）
大正5年に「石白」の栽培中変種を発見、選抜固定。はじめ「与三次郎」と命名したが、昭和3年県穀物検査所が「新石白」と改名。昭和3年県が純系淘汰、昭和6年に奨励品種。辻田与三次郎翁頌徳碑（砺波市）作付面積23,292ha（1932）	24）、26）、52）、59）
「大野4号」の抜き穂	52）、56）
信州の「島本坊主」より選出の「珍子坊（珍光）」を下野の人が試作し「信州」と称したもの。無芒、短桿、分げつは多くない。中熟、肥沃地向き、米質良好。作付面積14,460ha（1908）**	6）、9）、12）、17）
「豊年」の変種から選出。大正12年から昭和16年まで長期にわたり庄内地方で栽培された。最大作付面積山形県で143ha（1927）	52）、56）
「身上起」から選出。有芒・中稈、米質やや劣、多収、耐病性強	21）、53）、54）、63）

（表1　水稲在来品種一覧　のつづき）

①品種名	②ひらがな	③育成者	④育成年	⑤育成地
新谷早稲	しんたにわせ			新潟県東蒲原郡三川村（阿賀町）
新のめり	しんのめり	工藤吉郎兵衛	昭和元年（1926）	山形県西田川郡京田村（鶴岡市）
新平早稲 （土橋早稲）	しんぺいわせ	松本新平	明治4〜5年	北海道亀田郡大野村（北斗市）
信友早生*	しんゆうわせ	佐藤彌太右衛門	大正5年（1916）交配 大正12年（1923）命名	山形県西田川郡東郷村（三川町）
神力*・** （器量良）	しんりき	丸尾重次郎	明治10年（1877）	兵庫県揖保郡中島村（たつの市）
神力都	しんりきみやこ			山口県佐波郡
【す】須賀一本**	すがいっぽん	戸田小兵衛	嘉永6年（1853）	三重県河芸郡河曲村須賀（鈴鹿市）
助川早生	すけがわわせ	本間順造or重蔵	大正5年発見（1916）	山形県東田川郡横山村（三川町）
【せ】関取**	せきとり	佐々木惣吉	嘉永元年抜穂（1848）	三重県三重郡菰野村（菰野市）
撰一	せんいち			栃木県?
泉岳*	せんがく	富樫雄太	大正11年（1922）	山形県飽海郡西荒瀬村（酒田市）
善光寺*	ぜんこうじ	神照村善兵衛	寛政12年前後 （1800）	滋賀県坂田郡神照村（長浜市）
善石3号	ぜんごく	伊藤石蔵	昭和2年（1927）	山形県東田川郡新堀村（酒田市）
善石4号	ぜんごく	伊藤石蔵	大正14年（1925）	山形県東田川郡新堀村（酒田市）
善石早生*・**	ぜんごくわせ	伊藤石蔵	大正5年（1916）交配 大正13年（1924）育成	山形県東田川郡新堀村（酒田市）
善蔵早生* （大行早生）	ぜんぞうわせ	志田善蔵	天保年間 （1830〜1844）	新潟県岩船郡大須戸村大行 （村上市）
善ノ尾	ぜんのお	吉住善之助	大正10年（1921）	山形県田川郡大泉村（鶴岡市）
【そ】染分**	そめわけ			青森県or福島県
【た】大国（黒）早生**	だいこくわせ	阿部勘次郎・ 渡辺虎（寅）蔵	大正10年（1921）	山形県西田川郡京田村（鶴岡市）
大正糯	たいしょうもち	竹内松蔵	明治37年（1904）	富山県射水郡大江村（射水市）
大正早生*	たいしょうわせ	加藤力蔵	明治42年（1909）	山形県東田川郡藤島村（鶴岡市）
高瀬錦	たかせにしき	常田彦吉	大正11年（1922）	山形県飽海郡高瀬村（遊佐町）

⑥来歴、特性・形状、適地・普及面積、その他	⑦引用・参考文献
山間水田に適す	9)
「のめり」×(「イ号」×「京錦3号」)の3元交配種。大正15年に交配	42)、52)
「地米」から例外的に早く成熟せし3穂を抜き穂し、3年かけて選出。茎がやや軟弱、虫害多い。「地米」よりやや早熟。一時、渡島地方の亀田・上磯両郡に普及したが、間もなく衰退した	11)、30)、41)
「イ号」×「早生愛国」の交配種、最多作付面積3,849ha (1930)	25)、27)、42)、52)、55)、56)
有芒の「程良」から見出した3本の無芒穂から育成。当初「器量良」と命名、極端に多収のため「神力」と改名。極晩生、草丈低く分げつ多。強稈で倒伏難。小粒で味は落ちるが、多収でつくりやすいため小作農に受け急増。第4回内国勧業博では14県が出品受賞 (全国2位)。作付面積612,520ha (1908) 神力稲紀功之碑 (たつの市日山)・神力翁丸尾重次郎碑 (たつの市中島)	5)、6)、9)、15)、16)、17)、20)、24)、26)、32)、37)、39)、52)、60)
「都」と「神力」を混植して選出。性質は両者の中間	9)
「デキ十俵」から短稈の変わり穂5本を発見、試作の結果分げつ旺盛多収のため「一本」と命名普及。今日につながる短稈穂数型品種の草分け	9)、17)、31)、33)、52)
「鶴ノ糯」からの変種の粳稲、籾ワラ比が高い。最多作付面積1,125ha (1925)	27)、42)、52)、55)、56)
中生の「放言千本」から粒数多く穂状優良、米粒に光沢ある穂を発見,2年間の試作の後「雲龍」と命名。のちに「関取」に改名。早生、品質佳良、多収。第4回内国勧業博で13県が出品受賞 (全国3位)。佐々木惣吉記念碑 (孤野市) 作付面積62,162ha (1908)	5)、6)、9)、16)、17)、20)、26)、32)、33)、37)、38)、52)、60)
極晩生、小粒、稈長中、多げつ、良質多収。昭和初期には栃木県作付の2割弱を占めた。「農林6号」の父品種で、後代から「コシヒカリ」。作付面積38,495ha (1932)	26)
「酒井金子」の変種、最多作付面積:1,346ha (昭和12年)	27)、52)、55)
「光寺」から選抜。中生、草丈低分げつ多。倒伏しやすい。無芒、良食味。明治31年滋賀県県試高橋久四郎が、わが国初の人口交配育種が行ない「神力」×「善光寺」から「近江錦」を育成したことで有名	16)、24)、52)、57)
「善石早生」の変種	52)
「善石早生」×「田上糯」の交配種	52)
大正5年「板戸早生」×「イ号」を交配、大正13年に育成。自らの2つの名、善四郎の「善」と石蔵の「石」をとって「善石早生」と命名。「藤坂5号」の親品種として著名	42)、52)、56)
「弁慶糯」中に粳を発見して育成。耐冷性で、天保の大冷害に好成績をあげたことで普及した	13)、36)、45)
「中生愛国」の変種。穂重型山形県で2,212ha (1940)、宮城県で6,333ha (1951)、秋田県で6,541ha (1949)	42)、52)、56)
長稈・穂重型、穂が長く穂数少、耐冷性極強、耐肥性・耐病性弱、品質収量劣る。冷水田や水口で局所的に栽培されていた?	28)
渡辺交配の「大宝寺」×「中生愛国」を阿部が育成。人工交配草創期に農家が育成した品種として有名。中生、無芒、穂重型で少肥での栽培に適。脱粒性難、いもち病に弱、耐冷性に富む。倒伏に強い。品質は劣るが多収。作付面積16,346ha (1949)	27)、29)、42)、52)、54)、56)
「赤糯」から選出。晩生、分げつ少、長稈穂重型、多収。いもち病に強、倒伏しやすい。昭和3年に富山県で、昭和4年には福井県で奨励品種。竹内松蔵君の碑 (射水市)	24)、52)、59)
「亀ノ尾」の変種	52)
大正2年に交配、大正11年に育成。「亀ノ尾」×「酒田早生」の交配種。最多作付面積9,981ha (1931)	27)、42)、52)、55)

（表1　水稲在来品種一覧　のつづき）

①品種名	②ひらがな	③育成者	④育成年	⑤育成地
高富早生*	たかとみわせ	常田彦吉	大正11年（1922）交配	山形県飽海郡高瀬村（遊佐町）
高宮*	たかみや	堀井弥十郎の父	安政初年	新潟県三島郡片貝村
武作選**	たけさくせん	小林武作	明治36年発見 明治42年育成	山口県都濃郡久保村（下松市）
竹成（倒十）**	たけなり	松岡直右衛門	明治7年（1874）	三重県三重郡竹永村（菰野町竹成）
伊達近成	だてちかなり			北海道有珠郡伊達村（伊達市）
田中錦	たなかにしき	鈴木簾吉	明治末期?	静岡県加茂郡下川津村（富士市）
多平撰（多平穂）	たへいせん	宮崎多平	明治31年命名	岡山県赤磐郡佐伯本町（赤磐市）
玉置早稲	たまきわせ	玉置直治	大正2年	北海道樺戸郡新十津川村（新十津川町）
玉錦（多摩錦）	たまにしき	森民蔵	明治23年（1890）	茨城那珂郡中野村（ひたちなか市）
玉錦（宮城産）	たまにしき	武藤喜左衛門	大正14年（1925）	宮城県名取郡六郷村（仙台市）
玉ノ井	たまのい	佐藤彌太右衛門	大正6年交配（1917）	山形県西田川郡東郷村（三川町）
玉ノ鶴*（1号）	たまのつる	佐藤彌太右衛門	大正13年（1924）	山形県西田川郡東郷村（三川町西部）
玉糯	たまもち	大野市五郎	明治36年（1903）	埼玉県南埼玉郡出羽村四丁野（越谷市）
太郎兵衛糯（越谷糯）	たろべいもち	会田太郎兵衛	慶長（1596）	埼玉県出羽村字四丁野（越谷市）
【ち】近成*	ちかなり	米沢藩主上杉鷹山?	明治11～12年（1878～1879）	北海道渡嶋地方
千葉錦*	ちばにしき	松田喜太郎	明治40年ころ	富山県東礪波郡青島村
茶早稲	ちゃわせ	植田某	文化年間（1804～1818）	島根県仁多郡横田村稲原（益田市）
鳥海糯	ちょうかいもち	久松敬助	昭和4年（1929）	山形県飽海郡北俣村大畑山（酒田市）
長者坊主	ちょうじゃぼうず			福岡県
長平糯（長作糯）	ちょうへいもち	松勢長太郎	明治10年代?	愛媛県北宇和郡来村大字宮ノ下（宇和島市）
長楽	ちょうらく	和田森栄吉	大正8年命名（1919）	島根県能義郡宇賀荘
ちわら早稲	ちわらわせ	彦右衛門	文政年間（1818～1830）	河内国御所町（大阪府御所市）

⑥来歴、特性・形状、適地・普及面積、その他	⑦引用・参考文献
「矢施錦」×「酒田早生」の交配種。最大作付面積795ha（1932）	42）、52）、56）
京都本願寺参詣の途次、江州湖東高宮駅近くの路傍で結実よい稲を発見。3穂を貰い試作、多収良品質なるを知り「高宮」と命名。早生の晩、やや穂数型、中粒、品質不良、倒伏易	8）、13）、36）、45）
明治36年に「神力」のなかに変異株を見つけ、これを選抜し明治42年から近隣に配布。晩生、強稈で米質は上の下、耐肥性強。いもち病には弱。篤農家小林武作君之碑（下松市）	24）、25）、52）、58）
「千本選」のなかに300粒もある穂のある変異株を見出し、その穂3本を採取、2年間試作したところ成績良好なので、明治10年に「竹成」と命名近隣に配布。中生、稈は中長、無芒で良質。作付面積72,751ha（1908） 竹成米広益碑（菰野町）	9）、16）、17）、19）、20）、24）、32）、33）、37）、52）、60）
青森県田村より導入した「近成」から選出か？ 大正13年には道が温暖地の限定奨励品種に決定。作付面積1,283ha（1926）	19）、25）
「笹二本」から選出。加茂郡内に広く普及	25）、52）
明治17年に同地の比較的優良な9種を比較し「三本草」より選出、試作の結果、明治31年に「多平撰」と命名。中生、大粒、いもち病に強い。作付面積岡山県で1,390ha（1926）	9）、10）、52）
品種名不詳の糯品種から選抜した粳品種	52）
明治23年に島根県より「三徳」を取り寄せて改良、第4回内国博で入賞したのを機に「玉錦」と改名した。干害に強で米質・食味良。作付面積10,000ha（1907）、朝鮮半島で161,753ha（1942）。	5）、9）、24）、41）、52）
「愛国」より抜き穂で選出	24）、42）、52）
「亀ノ尾」×「イ号」の交配種。中生、無芒、大粒良食味、耐病性強、栽培容易。作付面積11,800ha（1936）山形県で昭和6〜23年に奨励品種。（別に埼玉県で畿内支場交配の「関取」×「須賀一本」の後代から選抜固定した「玉ノ井」がある）	24）、25）、27）、42）、52）、55）、56）
「早生白玉」×「鶴ノ糯」の交配種	52）、56）
「太郎兵衛糯」から、とくに形質のすぐれた変異穂を選び数年試作して選抜	24）、52）
品種名不詳の早生糯から選抜。早生。育成者が特定できる最も古い品種	24）、52）
北海道へは青森県から明治11〜12年に導入。陸稲とも。有芒、短稈、少じずつ、小粒。東北・北海道で栽培された。農書『北越新発田領農業年中行事』（1830）にも記載	11）、17）、24）、30）
「大場」に代わり、大正初めに石川・福井県にも移入拡大。短稈、強剛、耐肥性大で多収だが耐病性弱、無芒。作付面積石川・富山・福井3県で9,513ha（1926）	24）、26）
茶畑中の自生株から育成。早生、無芒、やや小粒。当時島根県山間部に適するとされた唯一の品種	6）、9）、31）、52）
大正13年（1924）に「園道糯」のなかから変種発集	52）、55）
「萬作坊主」より選出	9）
とくに良質。明治20年代に愛媛県北宇和郡・東宇和郡・西宇和郡で普及	31）
「神力」から選抜、育成	52）
河内から持ち帰り茅原村で選出。早生、麦・菜種との2毛作に適した。ワラできの割に多収。明治の老農中村直三が推奨した	1）

（表1　水稲在来品種一覧　のつづき）

①品種名	②ひらがな	③育成者	④育成年	⑤育成地
チンコ坊主	ちんこぼうず		明治末期～	北海道中央部
【つ】津軽早生	つがるわせ		明治以前に導入	北海道爾志郡乙部村
月布	つきふ	八島伝内	明治30年～	山形県西置賜郡豊原村（飯豊町）
剣*	つるぎ			東奥
鶴ノ糯	つるのもち	工藤吉郎兵衛	明治38年（1905）	山形県西田川郡京田村（鶴岡市中心部）
【て】寺撰	てらせん	吉村某	明治24年（1891）	神奈川県橘樹郡日吉村
伝七糯*	でんしちもち	伝七	幕藩時代	新潟県古志郡楢吉村（長岡市）
【と】東郷1号*（東郷）	とうごう	小川康雄	明治29年（1896）	山形県西田川郡東郷村（三川町西部）
東郷2号**（東郷）	とうごう	佐藤政次郎　小川康雄	明治34年（1901）　明治39年（1906）	山形県西田川郡東郷村（三川町西部）
東郷3号	とうごう	佐藤順治	昭和42年（1909）	山形県西田川郡東郷村（三川町）
東郷新2号	とうごうしん	佐藤順治	明治41年（1908）	山形県西田川郡東郷村（三川町）
豊国**	とよくに	檜山幸吉	明治36年（1903）	山形県南田川郡十六合村（余目町京島）
豊作選（豊穂・瑞穂）	とよさくせん	岩村豊作	昭和初?	静岡県安部郡麻機村（静岡市葵区南東部）
【な】中郡	なかごおり	板野吉六	大正11年（1922）	山形県東置賜郡中郡村（川西町）
中生愛国	なかてあいこく	森（守）屋藤十郎	明治43年（1910）	山形県西田川郡大泉村（鶴岡市）
中生一本	なかていっぽん	神田源三郎	明治28年（1895）	島根県簸川郡高松村（出雲市）
中生高宮	なかてたかみや	堀井弥十郎		新潟県三島郡片貝村
中村	なかむら			岡山県
中好	なかよし			奈良県生駒郡北倭村（生駒市）
名護穂赤	なごほあか	比嘉慶蔵	明治25年	沖縄県国頭郡名護村（名護市）
名取神力	なとりしんりき		大正11年（1922）	宮城県名取郡六郷村（仙台市）
奈良稲　一本稲	ならいね	奈良専二	明治10年ころ	香川県木田郡三木町池戸
【に】西の宮（晩白笹）	にしのみや		明治末?	佐賀県?
二千本（早神力）	にせんぼん		明治中期?	熊本県八代郡

⑥来歴、特性・形状、適地・普及面積、その他	⑦引用・参考文献
来歴不詳。中熟、冷害に強く、穂数型で多収。稈はしなやか。いもち病にも弱い	61)
北海道爾志郡乙部村で古くから栽培されていた品種。青森・山形県では江戸中期に存在。早生、赤芒、食味不良。『私家農業談』（越中・1789）、『加賀国産物志』（1716～1736）にも記載がある。作付面積285ha（1926）	19)、24)、41)、57)
庄内での農事視察の途上、月布村で抜き穂した穂から育成。宮城県の奨励品種（明治44年～大正2年）	12)、51)
東北地方に多い。早生、長稈、無芒、中粒、品質中の上、収量やや劣る。倒伏には強	8)、32)
「越中糯」の自然雑種、最多作付面積980ha（1924）	27)、42)、52)、55)、56)
「幸蔵」より選抜	32)
在来の「目黒糯」より選出。多収	36)、45)
「吉郎兵衛糯」から抜き穂固定（「東郷」を「東郷2号」とする説もある）	56)
佐藤が「大場」の変わり穂を2年間選抜した後放置したが、種子を小川が譲り受け、3年間早熟化をねらって選抜、育成に成功した。作付面積2,559ha（1923）山形県で大正3～昭和7年の間奨励品種。（「東郷」を「東郷1号」とする説もある）	9)、17)、20)、24)、27)、32)、42)、51)、52)、56)
「房州」の変種から選出	56)
「東郷2号」よりの抜き穂	56)
「文六」のなかから自然雑種を抜き穂して選出。中生、無芒長稈で分げつは少、耐病性やや弱い。大粒良食味だが、米質はやや不良。長稈で草履表用。作付面積59,913ha 大正5年（1924）奨励品種。庄内町「亀ノ尾の里」資料館に展示	24)、25)、26)、27)、29)、42)、44)、52)、55)、56)
別名「豊穂」「瑞穂」「望月選」「麻機選」「山科選」	24)、52)
「イ号」×「亀ノ尾」の交配種	52)
「愛国」の変種、強稈多げつの晩生種。大正9年に山形県農試が系統分離、最多作付面積6,220ha（大正12年）。別に千葉県農試育成の同名異種がある	25)、27)、42)、52)、55)、56)
在来品種「チョコ一本」より選出。「長二本」「白一本」「渚一本」などの異名がある	9)、24)、52)
父が育成した晩熟の「高宮」より、子の弥十郎が早熟系統を選抜。作付面積新潟県で9,178ha（1926）、新潟県が奨励品種	13)、36)、45)
都系、晩生。無芒、大粒。品質中、倒伏易。明治32年に九州支場から台北農試へ。蓬莱米の先駆として同地で普及。大正13年（1924）に台湾で2,137ha（日本稲で1位）普及	8)、20)
昔時に北倭村にて選出した	9)
國頭郡久志村の山間の田で芒の鮮褐色な2種を発見、純系淘汰の結果その1を選出、増殖した	18)、38)、39)、50)
「愛国」より選抜	42)
明治3年に老農のひとり奈良専二の育成。若年期に美穂を穂抜きして「一本稲（奈良種）」を育成、以後「正（小）奈良稲」「奈良糯」「大奈良稲」を選出。明治10年（1877）の第1回内国勧業博に出品。胸像（池戸八幡宮境内）	2)
明治末より栽培。「晩白笹」系、分げつ多、頑健、病害に強。多収だが小粒、脱粒易、米質劣悪、極晩生で二期作の2期向き。出穂期は「神力」より1週間遅い。	15)、38)、39)
「二千本」を熊本支場が形態が「神力」に似ているため「早神力」と改名。早生、九州での三化メイ虫の回避用品種。大正のはじめから朝鮮半島に広く普及。大正9年（1920）には同地で250,913ha（1位）普及	32)、39)

（表1　水稲在来品種一覧　のつづき）

	①品種名	②ひらがな	③育成者	④育成年	⑤育成地
【の】	芒銀葉	のげぎんば			新潟県中魚沼郡
	野崎赤毛	のざきわせ	野崎兼吉	大正8年（1919）	北海道岩内郡前田村（共和町）
	能登白	のとしろ	能登の老農三吉	寛政12年前後(1800)	石川県能登地方
【は】	羽黒*	はぐろ	渡辺幸吉	昭和31年交配(1956)	山形県羽黒町昼田
	羽地黒	はじくろ	東江清助 仲村全吉	明治13年（1880）	沖縄県国頭郡羽地村字田井良
	八右衛門	はちえもん	新井八右衛門	明治20年ころ	神奈川県橘樹郡町田村 （横浜市保土ケ谷区?）
	八反** （八反流・ 八反草・八反錦）	はったん	大多和柳（流）助 （佑）	明治8年（1875）	広島県豊田郡入野村（東広島市）
	早大関	はやおおぜき	郷原岩次郎	明治35年命名 （1902）	島根県簸川郡平田村（出雲市）
	早千葉錦*	はやちばにしき	松田喜太郎	明治40年（1907）	富山県東砺波郡青島村示野 （庄川町）
	早穂増	はやほませ	亀田嘉次郎	明治27年（1894）	熊本県八代郡太田郷村横手 （八代市）
【ひ】	彦四郎	ひこしろう	彦四郎	明治10年代	島根県簸川郡國富村宇賀(出雲市)
	彦太郎糯	ひこたろうもち	常田彦吉	昭和2年（1927）	山形県飽海郡高瀬村（遊佐町）
	彦平	ひこへい	斎藤彦平		秋田県由利郡神沢村（由利本荘市）
	久松1・3号	ひさまつ	久松敬助	大正10年（1921）	山形県飽海郡北俣村（酒田市）
	久松2号	ひさまつ	久松敬助	大正14年（1925）	山形県飽海郡北俣村（酒田市）
	日の出撰*・** （日ノ出）	ひのでせん	赤松直太郎	明治30年（1897）	岡山県赤磐郡潟瀬村（瀬戸町）
	日の丸**	ひのまる	工藤吉郎兵衛 田中正助	昭和16年（1941）	山形県西田川郡京田村（鶴岡市） 山形県東村山市金井村（山形市）
	平田早生**	ひらたわせ	鈴木元蔵	明治42年（1909）	山形県西田川郡栄村平田（鶴岡市）
	平松*	ひらまつ			滋賀県甲賀郡三雲村平松 （湖南市南部）
【ふ】	福神 （おつぎ坊主）	ふくじん	市原つぎ	明治41年（1908）	熊本県阿蘇郡久木野村久石 （南阿蘇村）

⑥来歴、特性・形状、適地・普及面積、その他	⑦引用・参考文献
「銀葉」より選出	9)
青森県館岡より取り寄せた品種（白芒）から選出。赤毛で長稈・穂重型。岩内地方では昭和10年代中ごろまで普及	61)
晩生、翌年になっても味の落ちない極良質米。なお加賀の農書『耕稼春秋』（1707）に同名品種の記述がある。『北越新発田領農事年中行事』（1830）にも登場	13)、45)
「ササシグレ」×「中新120号」の交配種。昭和40年代に庄内地方で国の育成品種に伍して普及。最も近年に育成された農家育成品種のひとつ。作付面積山形県で675ha（1968）	56)
東江が中頭郡より持ち帰った「新穂赤」の穂から仲村が暗黒色を呈する穂を選抜して増殖。中生の大粒種	9)、18)、38)、50)
品種名不詳の早生糯より選出の早生粳種。粒はやや大、品質は不良。別に『会津農書』（1684）に「八右衛門早稲」の記載がある。「八右衛門早稲」ともいう	9)、31)、52)
濃霧地帯に適する品種を数年間にわたって探索、穂首にぼろ切れを巻きマーカーとし抜穂・選出。極早生、長稈、分げつ少、品質良く酒米に適す。いもち病強。作付面積11,621ha（1932）	24)、35)、53)
明治30年ころから晩稲の「大関」のなかから早熟なものを逐年抜き穂し選抜。明治35年に命名	24)、52)
「千葉錦」より熟期早く、品質良好な株を選び選出	24)、52)
早生、「穂増」より、早熟で3化メイ虫の被害少ない株を求めて選出。八代・天草の3化メイ虫被害地域で普及。作付面積熊本県で10,000ha（1922）	19)、24)、39)
晩稲、穂数型、中粒、品質不良だが多収。倒伏に強。明治初年に簸川全郡と八束郡の一部に普及	8)、9)、52)
「山寺糯」の変種、最多作付面積3,444ha（1944）。庄内地方では昭和30年代まで栽培された。昭和10年に山形県の奨励品種	27)、42)、52)、55)、56)
畦畔に生えていた稲から育成。赤毛、中生の晩	7)
「四国早生」の変種	52)
「酒田早生」×「久松1号」の交配種	52)
「神力」から選出。晩生、草丈・分げつ数中位。いもち病抵抗性やや強。米質良好、中粒。無芒で籾色やや褐色。明治41年から岡山県奨励品種。作付面積14,635ha（1932）	9)、10)、20)、24)、25)、52)
外国稲との遠縁雑種1号。昭和2年、工藤が農事試験場畿内支場から「高野坊主」×「伊太利亜州」雑種種子を譲り受け、「京錦3号」を交配、以後系統淘汰。昭和8年田中が工藤の「京錦3号」×（「高野坊主」×「伊太利亜州」）の雑種5代系統群から粒着密の株をもらい受け選抜。作付面積20,270na（1949）	29)、42)、52)、55)、56)
「上州」の変種から抜き穂して育成。無芒、穂重型。長稈で倒伏易。名に反し晩生。多収、良質。いもち病弱。大正3年〜昭和7年（1914〜1932）の間、山形県奨励品種。作付面積5,680ha（1921）	24)、27)、29)、42)、52)、55)、56)
明治28年の第4回内国勧業博に滋賀県から出品	9)
明治41年に「神力」より早熟の変わり穂を選抜。4年間試作し、優良を確かめ普及。山間部向き中生。作付面積11,671ha（1932）	39)、52)

（表1　水稲在来品種一覧　のつづき）

①品種名	②ひらがな	③育成者	④育成年	⑤育成地
福坊主1号**	ふくぼうず	工藤吉郎兵衛	大正4年（1915）交配、大正8〜9年命名	山形県西田川郡京田村（鶴岡市中心部）
福坊主2号	ふくぼうず	工藤吉郎兵衛	大正8年（1919）	山形県西田川郡京田村（鶴岡市）
福坊主3号	ふくぼうず	工藤吉郎兵衛	昭和元年（1926）	山形県西田川郡京田村（鶴岡市）
福柳	ふくやなぎ	茂木辰治郎	大正2年（1913）	山形県飽海郡木楯村（酒田市）
福山*	ふくやま	田中周三郎	嘉永5年（1852）	鳥取県気高郡宝木村（気高町）
房吉撰（房吉米）	ふさきちせん	友次房吉	明治20年ころ	岡山県赤磐郡軽部村（赤磐市）
不作不知（不知不作）	ふさくしらず	鎌田宗蔵	明治43年（1910）	埼玉県南埼玉郡出羽村七左衛門（越谷市）
豊後	ぶんご			宮城県
文六	ぶんろく	落合文六	明治20年以前	秋田県平鹿郡角間川村（角間川町）
【へ】平六糯*（宮西糯）	へいろくもち	宮西平左衛門	明治33年（1900）	石川県石川郡旭村宮永
弁慶	べんけい			山口県
【ほ】坊主*・**	ぼうず	江頭庄三郎	明治28年（1895）	北海道札幌郡琴似村新琴似（札幌市）
坊主二本三	ぼうずにほんさん			群馬？
報徳*	ほうとく	森谷巳之助	大正3年（1914）	山形県南田川郡余目町（庄内町）
豊年	ほうねん	佐藤順治	大正元年（1912）	山形県西田川郡東郷村（三川町）
細桿（細殻）	ほそから		明治初期？	青森県？
細葉	ほそば		明和5年（1768）	山形県
程吉	ほどよし		幕末〜明治初期？	兵庫県か岡山県
穂増（穂益）	ほませ	ませ女	天保4年（1833）	熊本県八代郡高田村（八代市）
保村**（保村早生・金助早生・二合半領）	ほむら	高橋金助	安政5年（1858）	埼玉県保村二合半（吉川市）

⑥来歴、特性・形状、適地・普及面積、その他	⑦引用・参考文献
大正4年「のめり」×「寿」を交配(「寿」は工藤が育成)。大正8〜9年に命名(民間の交配品種第2号か?)。晩生、無芒、草丈やや低、米粒やや大、米質食味ともやや劣。倒伏に強、多肥に耐え病虫害に強く、多収でつくりやすいため農家によろこばれた。工藤翁頌徳碑(鶴岡市)作付面積69,099ha(1939)	24)、25)、26)、27)、29)、40)、42)、52)、56)
「福坊主」×「森多早生」の交配種	52)
「福坊主」×「丹芒」の交配種	52)
「平田早生」(「亀ノ尾」とも)の変種、最大作付面積庄内地方全体で約1,000ha(1934)	9)、52)
中稲「庭溜」から選出。有芒短稈、少げつ、中粒・良質で腹白多。鳥取・兵庫県で栽培が多い。明治40年ころの作付面積8,781ha	17)、24)、25)、32)、52)
中国地方に多く栽培。長稈、有芒、極大粒、腹白多、光沢あり。輸出向きとしてとくに高評価。明治28年第4回内国勧業博(京都)では出品数万種の米中、1種超群出色として進歩2等賞を受賞	5)、6)、10)
北足立郡新田村産の「選出」を取り寄せ栽培したが、分離がはなはだしかったので、長芒のものを選抜固定した。作付面積17,291ha(1932)	24)、52)
中生、「愛国」より穂数多。晩稲。長稈、分げつ中、収量中、良質。宮城県で明治37年5,323ha(3位)、明治40年には15,831ha(1位)。全国で明治作付面積20,137ha(1908)。江戸時代の農書『会津農書』(1984)や石川理紀之助の『稲種得失弁』(1901)にも登場	5)、9)、51)
「御夢想」または「稲妻」から抜き穂。晩生の早、良質だがウンカ・メイ虫に弱い。草履面材料として重用された。明治20年以前は仙北、平鹿、雄勝郡に広く分布	7)
「早生一本」(粳)の収穫中に、たまたま発見した糯から選出	24)、52)
白芒、腹白ある大粒・良質、酒米に適。早・中生。古くから山口県で栽培、明治41年から県農試で試験、大正5年から奨励品種。昭和10年代まで山口・大分両県で栽培がつづいた。作付面積26,548ha(1932)	19)、39)
江頭が「赤毛」から無芒を選出、小作人の中田光治が譲り受け砂川・士別で普及したのが端緒。「赤毛」に比べて早熟多収、分げつは少ないが稈は長く固い。いもち病に強。粒はやや大きく脱落しやすい。品質は劣る。作付面積136,726ha(1932)	19)、20)、24)、41)、52)、61)
明治後期に新潟県・群馬県で普及。作付面積10,978ha(1908)	9)
「萬石」の変種。短稈、多げつ、耐肥性、倒伏に強	27)、42)、52)
「東郷2号」の変種	42)、52)
少げつ、無芒、小粒だが、寒地に適し、強健、収量安定。明治20年代には岩木川常上中流域に分布。大正5年までは青森県内で作付首位。作付面積青森県・秋田県で22,201ha(1908)	7)、9)、17)、31)、38)、44)
江戸時代庄内の主要品種。小粒、寒地に適し強健。作付面積青森県・秋田県で22,000ha(1908)	7)
神力の原種。穂数型の短稈種で「神力」と同熟ないしやや早熟の小粒、多収品種。明治初中期、瀬戸内東半の平野部に分布	53)
中生、大粒。麦あと栽培に好適。病害虫に強。ただし収量は望めず。明治28年第4回内国勧業博に「各地ニテ多ク耕作セル稲」として紹介、4県が出品。明治末に熊本県で3,000〜4,000ha普及	6)、9)、15)、32)、38)、39)、52)、53)
低湿で水害常習地のため、極早生品種の育成を思い立ち、当時最も早生の「仙台早稲」のなかでも最も早熟の1穂を見つけて採種、翌年その12株からの種子を得た	24)、25)、32)、47)

100

(表1　水稲在来品種一覧　のつづき)

	①品種名	②ひらがな	③育成者	④育成年	⑤育成地
【ま】	前沢	まえざわ	中島次三郎	文化8年（1811） 天保9年（1838）の 2説あり	富山県下新川郡前沢村（黒部市） （桜井町）
	牧谷珍子 （七右衛門珍子）	まきやちんこ	山内七右衛門	明治44年（1911）	福井県南条郡北杣山村（南越前町）
	松田早稲 （能登谷早稲・ 彌吉早稲）	まつだわせ	松田泰次郎 能登谷彌吉	明治33年（1900）	北海道大野村
	松本糯	まつもともち	松本惣次郎	大正6年（1917）	北海道岩内郡前田村幌似（共和町）
	満願寺*	まんがんじ	満願寺住職	明治中期?	熊本県阿蘇郡小国村大字満願寺 （小国町）
	万石	まんごく		18世紀前半	大分県?
	万石*	まんごく	阿部萬治	明治40年（1907）	山形県東田川郡大和村 （余目町沢新田）
	万作** （佐賀万作、 万作坊主	まんさく	福井儀蔵	弘化2年（1845）	福岡県糸島郡長糸村（糸島市）
	万太郎米	まんたろうまい	佐藤萬太郎	大正3年（1914）	北海道瀬棚郡利別村（今金町）
【み】	三井** （三井神力）	みい	田中新吾	大正2～3年	福岡県三井郡味坂村（小郡市）
	三重成	みえしげ	工藤吉郎兵衛	明治43年交配(1910) 大正6年(1917)命名	山形県西田川郡京田村（鶴岡市）
	三河錦*（力良）	みかわにしき	加藤石松	明治27年（1894）	愛知県知多郡八幡町古見（知多市）
	右田都（素平都）	みぎたみやこ	村田素平	明治末?	山口県佐波郡右田村（防府市）
	三国	みくに			福岡県三井郡三国村（小郡市）
	瑞穂玉	みずほたま	山本某	明治30年ころ	佐賀県松浦郡西山代村（伊万里市）
	溝下糯 （正助糯・大村糯）	みぞしたもち	外川内正助	明治28年（1895）	鹿児島県薩摩郡大村上手
	三保（種井戸・ 力丸・飯田錦・ 羽衣）	みほ	田島久五郎 鈴木八作	明治40年ころ	静岡県庵原郡高部村梅ヶ谷 磐田郡長野村前野
	美穂選*	みほせん	秋田喜美二	明治41年（1908）	岡山県淺口郡大島村大島中 （笠岡市大島中）

⑥来歴、特性・形状、適地・普及面積、その他	⑦引用・参考文献
天保9年か文化8年に晩稲「赤五郎兵衛」中の無芒の早生変異2株を発見選抜。晩生、耐冷性。普及に貢献した朝倉六左衛門にちなみ「六左衛門」と呼ばれ黒部川流域冷水かかり田で広く栽培。大正7年より県が純系淘汰、10年奨励品種	9）、19）、31）、36）、45）、52）
「白珍子」の変種から選出。明治41年に変種を発見選出、明治44年に「七右衛門珍子」と命名、大正末に中部地方山間部に普及	24）、25）、52）
松田が干魃の年、「地米」中に早熟で風に強い完熟穂2本を見出して育成。能登谷が引き取り試作・増殖。白色の強芒、風害には強いが品質不良、ワラは脆い	11）、61）
「黒毛糯」から選出。昭和11年以降岩手県奨励品種	24）、25）、30）、52）、61）
中〜晩生、穂重型、無芒やや大粒で輸出用。大正前期に鹿児島県での作付面積800ha	6）、9）、39）、52）
18世紀以降、「早萬石」「古萬石」など、九州に広く分布⑤大分・熊本県で最も早くから普及。重要品種であった。中生、穂重型	53）
「石臼」の変種から育成。中生無芒、短稈型だが耐肥性強、分げつ中、強稈。最多作付面積931ha（大正14）。最大作付面積が5,000haに達した「北陸11号」（1941：新潟農試育成）の父親品種。庄内町「亀ノ尾の里」資料館に展示	27）、42）、52）、55）、56）
中生、穂重型。長稈・無芒・腹白多、輸出向け。明治40年ころの作付面積17,765ha。第4回内国勧業博（1896）には京都など5県から出品受賞。とくに畿内関西で栽培多。大正末に「佐賀万作」が台湾で2,073ha普及	5）、6）、9）、24）、31）、39）、52）、53）
佐藤が泊村で井越和吉の指導により「地米」から選出。晩熟・白長芒穂重型・稈太。檜山地方に昭和15年ころまで普及	24）、25）、52）、61）
明治41年、畿内支場交配の「神力」×「愛国」のF2を福岡県で白葉枯病抵抗性検定中、1株を田中が持ち帰り選抜・育成。「三井」と命名普及。晩生、草丈は「神力」よりやや低、分げつはやや少。強稈、いもち・白葉枯病強。米質良。作付面積76,297ha（1932）	24）、39）、52）
明治43年「亀ノ尾」×「敷島」を交配、大正6年（1917）命名	27）、42）、52）、56）
明治27年に播州路遍歴の途上、「三力」といわれた品種に注目、種子をもらい受けて育成。別名を「力良」「早生神力」というが、大正4年に県が「三河錦」と命名。以後、県が純系淘汰を行ない「三河錦1〜3号」を育成。作付面積8,900ha（1926）	24）、52）、60）
「都」より選出。穂先大で粒も極大、「都」より5日ほど晩生	9）
三国村にて選出。明治20〜30年代に福岡県で広く栽培。関西でも栽培？　茎太く、短芒、大粒、光沢よく腹白なし。輸出向き	5）、6）、9）
米質改良をめざし育成	9）、52）
村内の溝のなかに自生する稲を試作して選抜。いもち病に強、耐水抵抗性強、不良環境に強い	24）、39）、52）
高部村の田島が「舂糯（もっこもち）」から選出「種井戸」と命名。この種子を長野村の鈴木八作が5年間試作「三保」と命名	24）、39）、52）
「明神力」から株張り等の良好なものを持ち帰り試作、うち分離せざる系統を選出して「美穂選」と命名した。大正8年岡山県奨励品種	24）、25）、52）

（表1　水稲在来品種一覧　のつづき）

①品種名	②ひらがな	③育成者	④育成年	⑤育成地
都** （都鶴、筑前穂）	みやこ	内海五郎左衛門 田中重吉	嘉永5年（1852）	山口県玖珂郡玖珂村 （岩国市）
明徳（八竹選）	みょうとく	竹原弁太郎	明治32年ころ	岡山県邑久郡行幸村八日市 （瀬戸内市）
【む】六日早生*	むいかわせ	菅原善四郎	大正13交配（1924）	山形県東田川郡新堀村（酒田市）
【も】毛利1号*	もうり	毛利安二郎	大正13年（1924）	山形県東村山郡長崎町（中山町）
毛利2号	もうり	毛利安二郎	大正13年（1924）	山形県東村山郡長崎町（中山町）
盛高地古	もりたかじこ	盛高某	大正5年（1916）	鹿児島県大島郡天城村（徳之島）
森田穂	もりたほ	森田亀之助	明治33年ころ	兵庫県明石郡垂水村 （神戸市垂水区）
森多早生*・**	もりたわせ	森谷巳之助 森屋正助 （1892〜1971）	大正2年（1913）	山形県東田川郡余目町（庄内町）
【や】八雲*（早北部・ 九反北部）	やくも	梶谷市蔵	大正元年（1912）	島根県簸川郡川跡村高岡（出雲市）
山北坊主* （慶作坊主）	やまきたぼうず	西村慶作	明治39年（1906）	熊本県玉名郡山北村二俣（玉東町）
山崎糯（新潟）	やまざきもち	高野仁右衛門	寛政年間 （1789〜1801）	新潟県北蒲原郡五十公野村山崎
山崎糯** （北海道）	やまざきもち	山崎栄太	大正8年命名（1919）	北海道上川郡士別村（士別市）
山田穂**	やまだほ	山田勢三郎	明治10年ころ	兵庫県多可郡中町東安田（多可町）
山寺金子*	やまでらかねこ	今田三郎	明治42年or大正元年 （1909or1912）	山形県飽海郡上郷村（酒田市）
山寺糯	やまでらもち	今田三郎	明治42年（1909）	山形県飽海郡上郷村（酒田市）
大和力	やまとから	山田直次郎	明治40年（1907）	千葉県君津郡中郷村（木更津市）
大和錦*（雄町）	やまとにしき			奈良？
山錦（兵助早生）	やまにしき	佐藤順治	大正12年交配（1923）	山形県西田川郡東郷村（三川町）
弥六*（野鹿）	やろく		17世紀？	加賀・越中？
【よ】与吉選	よきちえらぶ	住田与吉	明治37年（1904）	愛媛県伊予郡松前町黒田（松前町）
汚レ雲雀	よごれひばり			新潟県中魚沼郡
吉中	よしなか	河野芳太郎	慶応のころ？	愛媛県東宇和郡魚成村（西予市）

⑥来歴、特性・形状、適地・普及面積、その他	⑦引用・参考文献
内海が摂津国西ノ宮付近の水田で大きな穂数本を見つけ、持ち帰り、田中が数年試作選抜。中生、分げつ多、長稈穂重型品種、穂は長大。大粒で心白多、米質極良輸出用として普及。第4回内国勧業博 (1896) には京都など7県から出品受賞。「都稲」顕彰碑 (岩国市周東町) 作付面積36,319ha (1908)	5)、6)、9)、17)、20)、24)、32)、52)、58)
明治32年ごろ (33年説も)、「雄町」より早熟品種育成を目的に数年淘汰を加えて育成。大正14年奨励品種。さらに大正12年より岡山農試が純系淘汰、昭和6年同名で奨励品種	25)、52)
「板戸早生」×「イ号」、最多作付面積2,731ha (1929) 宮城県奨励品種 (昭和13～22年)	24)、25)、27)、42)、51)、52)、55)、56)
「中生愛国」の変種	52)
「中生愛国」の変種	52)
在来種から変異株を発見、選出。少肥・やせ地に適。長稈長芒、粒着密。小粒	50)
「藍郡」から抜き穂し、改良を加えて育成	31)、52)
「東郷2号」から変種を選抜育成。早生、長稈・穂重型で玄米品質・食味はあまりよくない。「農林1号」の父品種、「コシヒカリ」の父方の祖母品種。顕彰碑 (庄内町甘六木)・庄内町「亀ノ尾の里資料館」に展示。作付面積1,113ha (1921)	42)、52)、55)、56)
大正元年晩生「北部」から早熟の変異株を発見、選抜育成「早北部」と称したが、島根県農試の比較試験の結果、昭和5年に「八雲」と改名、奨励品種に	24)、25)、26)、52)
福岡県柳川付近から強健でいもち病に強い株を発見、抜き穂して持ち帰り育成。晩生、さほど長稈でなく、少しづつ、長穂。いもち病に強いため中山間の冷水がかりで利用された	39)、52)
名称不詳の糯から選出。はじめは「見出し糯」と呼称。来歴が明らかな品種中最古のものの1つ。作付面積新潟県で1334ha (1914)	13)、36)、51)
大正5年に「島田糯」より選出した早生・無 (白?) 芒種。大正8年に固定を確認。昭和4年から優良品種。上川地方を中心に昭和10年ころには「島田糯」に代わり、昭和30年ころまで糯品種の主要品種になった。顕彰碑 (士別市)	41)、52)、61)
山田が自田から優良株を見つけて選抜。他に美嚢郡吉川町 (三木市) 説、神戸市北区山田町説がある。中生、長稈・穂重型、大粒、品質優良で酛 (もと) 米として高評価。作付面積12,151ha (1925)。酒米の「山田錦」は兵庫県農事試で山田穂×「短稈渡船」から育成した。山田勢三郎頌徳碑 (多可町)	9)、24)、62)
「早生大野」×「酒井金子」	52)、56)
「栄作糯」の変種から選出。「今田糯」は「山寺糯」×「女鶴糯」	52)
明治38年に「中生愛国」より選出、明治40年に命名	24)、52)
関東・中部地方で栽培。作付面積奈良県で9,620ha、和歌山県で3,248ha (1908)	5)、6)、9)、16)
「亀ノ尾」×「愛国」、当時の品種のなかではいもち病にとくに強。作付面積1,559ha (1936)	27)、42)、52)
18世紀に北九州と北陸西半分で多くみかける。現在も名を遺す最古の品種のひとつで、『清良記』『耕稼春秋』『百姓伝記』にも登場する。ひとつの品種というより、地方の奨励品種的なレッテルではという説もある	31)、53)、57)、60)
明治37年 (明治35年説も)「仙石」の変異株を選抜。大正2年に県農試に持参したところ、佐々木林太郎場長が「与吉選」と命名。大正6年愛媛県奨励品種	24)、25)、52)、65)
「雲雀」より選出	9)
河野が土地の中稲から選出	3)

（表1　水稲在来品種一覧　のつづき）

①品種名	②ひらがな	③育成者	④育成年	⑤育成地
米光	よねひかり	新田作太郎	明治40年ころ（1907）	新潟県北蒲原郡笹岡村上一分（阿賀野市）
【わ】 若宮	わかみや	今井宗三郎	明治15年（1882）	富山県東砺波郡中野村（砺波市）
涌谷坊主	わきやぼうず	野田真一？		宮城県遠田郡南郷村（美里町）
早稲一本	わせいっぽん			新潟県東蒲原郡
早生大野**	わせおおの	須藤吉之助	明治26年（1893）	山形県東田川郡横山村（三川町）
早生白河*	わせしらかわ	相沢幸右衛門	大正6年（1917）	宮城県名取郡六郷村（仙台市）
早生関取	わせせきとり	中川茂一郎	大正元年（1912）	茨城県真壁郡黒子村井上（筑西市）
早生東郷	わせとうごう	相沢幸右衛門	大正5年（1916）	宮城県名取郡六郷村（仙台市）
早生坊主（香坊主・大正坊主）	わせぼうず	菅井熊三郎	大正2年（1913）	北海道神楽村（旭川市）

注1　①欄の品種名の（　）は別名。＊は農研機構農業生物資源ジーンバンクに所蔵されているもの。＊＊は「1　主な在来品種の解説」に、より詳細な記述がある。
注2　⑥欄の作付面積は該当品種の作付面積が概ね最大であったときの値。（　）内はその年次。
注3　⑦欄の引用・参考文献は106〜107ページに記載

⑥来歴、特性・形状、適地・普及面積、その他	⑦引用・参考文献
「大場」から選出	24)、52)
中野村若宮神社付近の田の「高島」の変種から育成	9)、31)、52)
「涌谷」の無芒変異。明確でないが、野田が育成との説がある。宮城県奨励品種（明治44年〜大正8年）	51)
晩稲の「一本」より選出	9)
「大野」のなかから早生の変異株を見つけて選抜育成。早生、白色有芒、草丈中位、分げつ少、穂は大で多収。耐病性弱。山形以外の東北各県にも普及。作付面積13,006ha（1920）	24)、25)、27)、29)、52)、55)、56)
「白河」より選抜	42)
「国益」から選抜。形質からみて「関取」の早生型の観があり、「早生関取」ともいわれる	24)、25)、52)
「東郷」より選抜	42)
大正2年の大凶作に「坊主」のなかから発見。最も冷害に強い	61)

〈引用・参考文献〉

1) 中村直三 (1865)「伊勢錦・ちわら早稲」古島敏雄・安芸皎一編『近世科学思想』(上) 岩波書店

2) 奈良専二 (1885)『農家得益弁』千鐘房

3) 愛媛県 (1891)『愛媛県農事概要』

4) 沢田佐一郎 (1892)「富山県越中国石白米産出の起源」『農業』135号 大日本農会

5) 第4回内国勧業博覧会事務局 (1896)「第4回内国勧業博覧会審査報告」『第3部農業森林及園芸 第2編穀菽類、米』

6) 大脇正諄 (1900)『米穀論』裳華房

7) 石川理紀之助 (1901)「稲種得失弁」『日本農業発達史』2 中央公論社

8) 武田總七郎 (1903)「栽植 水稲種類ノ特性」『農事試験場報告』第26号

9) 農商務省農事試験場 (1908)「米ノ品種及其分布調査」『農事試験場特別研究報告』第25号

10) 岡山県内務部 (1910)『岡山の米』岡山県

11) 高橋良直 (1911)「渡嶋地方に於ける水稲品種の起源 (上・下)」『北海道農会報』11 (7・9)

12) 宮城県農事試験場 (1912)「水稲品種ノ起源来歴分布情態及特性調査書」『稲作試験報告書』第 12号付録

13) 新潟県内務部勧業課 (1914)『越佐の米、新潟県』

14) 藤原勇造・伊藤権一郎 (1915)「稲種郡益の来歴」『農業』409号 大日本農会

15) 戸上信次 (1915)『六石実収日本一の稲作』興文社

16) 愛知県立農事試験場 (1916)『県下の稲種』愛知県

17) 高橋久四郎 (1919)『米麦蔬菜新式増収法』大日本農業奨励会

18) 沖縄県農事試験場 (1922)『水稲作の改良』沖縄県

19) 農林省農務局 (1926)『道府県における米麦品種改良事業成績概要』

20) 永井威三郎 (1926)『日本稲作講義』養賢堂

21) 寺沢保房 (1927)「水稲品種「愛国」の来歴」『農業及園芸』2巻8号

22) 高島弥一 (1929)「本州中部地方に於ける最近の主要稲種銀坊主の系統に就て」『農業』582号 大日本農会

23) 手島新十郎 (1932)「水稲優良品種「愛国」種の発見並にその改良新品種の目覚ましい躍進」『農業 及園芸』7巻7号

24) 農林省農務局 (1935)「道府県における主要食糧農産物品種改良事業の成績並に計画概要」『農事 改良資料』第97

25) 農林省農務局 (1936)『水稲及陸稲耕種要綱』

26) 手島新十郎 (1936)『多収穫米作法』養賢堂

27) 佐藤富十郎 (1939)「山形県に於ける民間育種の業績」『農業』706号　大日本農会

28) 田中 稔 (1950)「東北地方における水稲主要品種並に系統の耐冷性」『日本作物学会紀事』20号

29) 鎌形 勲 (1953)『山形県稲作史』農林省農業総合研究所

30) 盛永俊太郎 (1953)「北海道の稲作発展と稲の種類改良 (1)」『農業技術』8 (5)　農業技術協会

31) 安田 健 (1954)「稲作の慣行とその推移」『日本農業発達史』2　中央公論社

32) 盛永俊太郎 (1954)「明治期における日本稲の種類と改良」『日本農業発達史』2　中央公論社

33) 和崎晧三 (1954)「伊勢農業史序説」『日本農業発達史』2　中央公論社

34) 桑田正信 (1954)「京都府農会の成立」『日本農業発達史』3　中央公論社

35) 住田克己・上田一雄 (1954)「広島県農業史」『日本農業発達史』4　中央公論社

36) 永井威三郎 (1955)『実験作物栽培各論』第1巻 (第5版) 養賢堂

37) 安藤広太郎 (1955)「農事試験場の設立前後」『日本農業発達史』5 (資料・復刻篇)　中央公論社

38) 安田 健 (1955)「水稲品種の推移とその特性把握の過程」『日本農業発達史』6　中央公論社

39) 嵐 嘉一 (1955)「九州地方における水稲品種の変遷」『日本農業発達史』6　中央公論社

40) 安田 健 (1956)「水稲における統一品種の交替」『日本農業発達史』8　中央公論社

41) 盛永俊太郎 (1956)「育種の発展」『日本農業発達史』9　中央公論社

42) 佐野稔夫 (1956)「東北地方に於ける水稲品種に関する研究」『宮城県農試報告』22号

43) 農業発達史調査会 (1958)「日本農業発達史年表」『日本農業発達史』10　中央公論社

44) 田中 稔・相馬幸穂 (1958)「青森県における水稲品種の変遷と品種改良の効果」『日本農業発達史』
　別巻上　中央公論社

45) 安田 健 (1958)「加賀藩の稲作」『日本農業発達史』別巻上　中央公論社

46) 池上 亘 (1961)『高知県稲作技術史』西富謄写堂

47) 野口彌吉編 (1966)「米穀市場と稲の品種」『野口研参考資料3』日本農業研究所

48) 渡部正二 (1966)『水稲品種の特性と解説』高知県種子協会

49) 岡田正憲・山川 寛ほか (1967)「水稲新品種"ホウヨク・コクマサリ・シラヌヒ"について、両親品種の
　選定と母本品種"十石"の来歴について」『九州農業試験場彙報』12 (3・4)

50) 盛永俊太郎・向井 康 (1969)「沖縄諸島の在来稲」『農業および園芸』44巻1号

51) 佐野稔夫 (1971)「宮城県における水稲品種の変遷について」『宮城県農試報告』42号

52) 池 隆肆 (1974)『稲の銘―稲民間育種の人々―』オリエンタル印刷

53) 嵐 嘉一 (1975)『近世稲作技術史』農文協

54) 佐野稔夫 (1975)「「愛国」種誕生の前夜物語に寄せて」『育種学雑誌』25 (3)

55) 春日儀夫 (1980)『目で見る荘内農業史』鶴岡印刷

56) 菅 洋 (1983)『稲を創った人びと』東北出版企画

57) 盛永俊太郎・安田 健 (1986)『江戸時代中期における諸藩の農作物』日本農業研究所

58) 池 隆肆 (1987)「山口県の稲民間育種の人々①②」『農業技術』42巻2・3号

59) 農林水産省北陸農業試験場 (1991)『北陸の稲品種』

60) 愛知の稲編さん会 (1991)『愛知県の稲Ⅱ　稲編』愛知県

61) 星野達三 (1994)『北海道の稲作』北農会

62) 池上 勝ほか (2005)「酒米品種「山田錦」の育成経過と母本品種「山田穂」「短桿渡船」の来歴」『兵庫県農業技術総合センター報告 (農業) 53号』

63) 佐々木武彦 (2009)「水稲「愛国」の起源をめぐる真相」『育種学研究』11 (1)

64) 山下律也・岩崎正美・西尾隆雄・中川盛雄 (2011)「歴史的強力 (ごうりき) 米の呼び込みと美味な地酒」『美味技術研究会誌』18号

65) 愛媛県農林水産研究所『「伊豫米」から見える明治・大正のおコメ』愛媛県農林水産研究所ホームページ

（西尾敏彦）

3

現代品種に息づく
在来品種のDNA

　ここでは、農耕文化遺産ともいえる日本列島に遺る在来品種のDNAが現代品種のゲノムに息づいていることを話題としよう。

　農民の手による在来品種の改良は20世紀近くにわたるとみられるが、科学的育種が行なわれるようになって1世紀余にすぎない。この間に本州産米と同等の収量・品質の北海道産米が生産でき、日本人好みの食味をもつ銘柄米の生産が全国規模で行なわれ、さらに多肥条件で多収穫となる半矮性（草丈が低く倒伏しにくい）品種の開発などが行なわれてきた。

　現代品種のゲノムには、さまざまな在来品種のDNAが組み込まれている。たとえば、今日最も人気が高く作付け第1位の「コシヒカリ」のゲノムには、6種の在来品種「愛国」「森田早生」「旭」「上州」「撰一」「亀ノ尾」のDNAが表1のような割合で組み込まれているとみられる。これらの在来品種のDNAが組み合わさって、「コシヒカリ」のゲノムは構成されている。

　さらに作付け第2位の「ひとめぼれ」の片親と、もう一方の親の親（祖父または祖母）とも「コシヒカリ」である。したがって「ひとめぼれ」のDNAの4分の3が「コシヒカリ」に由来する計算になる。作付け第3位の「ヒノヒカリ」の片親も「コシヒカリ」であり、この品種のDNAのおよそ半分が「コシヒカリ」由来とみることができる。

　日本の水稲の作付け上位3品種に対して、「コシヒカリ」の祖先となった6種の在来品種の遺伝的寄与率を計算すると、表1（最右列）のようになる。これら6種の在来品種の全DNAのおよそ半分（46.4%）が今日の国産米のなかに息づいていることになる。

　最近のゲノム分析によると、「ゆめぴりか」や「ななつぼし」などの北海道品種には、遠い祖先である在来品種「赤毛」のDNAが6%以上という高い割合で組み込まれていることが明らかにされている。

表1　現代主要品種に対する在来品種の寄与率（%）

現代の主要品種	コシヒカリ	ひとめぼれ	ヒノヒカリ	上位作付け3品種への累積寄与率
作付け率（%）	35.0	9.2	8.6	
愛国（≒銀坊主）の寄与率	25.0	18.8	12.5	11.6
旭（＝朝日）の寄与率	12.5	9.4	6.3	5.8
上州の寄与率	12.5	9.4	6.3	5.8
神力（≒撰一）の寄与率	12.5	9.4	6.3	5.8
森田早生の寄与率	25.0	18.8	12.5	11.6
亀ノ尾の寄与率	12.5	9.4	6.3	5.8
上記在来品種の累積寄与率	35.0	6.9	4.3	46.4

　　注　親の子に対する遺伝的寄与率は純系選抜または穂選抜の場合ほぼ1.0、二親交
　　　　配の場合0.5とみて計算した

　悠久の年月をかけて改良されてきた在来品種には、地域環境や栽培条件に合う適応性、病害虫抵抗性、環境ストレス耐性、多収・良質性などに関する優良遺伝子が蓄積され、ゲノム上で良好なバランスを保っている。

　近年における科学的育種技術では、数世代にわたり人工交配を繰り返すことにより、異なる在来品種のDNAを巧みに組み合わせて新品種がつくり出されてきた。ときには在来品種のゲノムに外国品種の耐病性遺伝子などの導入が試みられたこともあるが、現代品種のゲノムの大部分は在来品種のDNAで構成されているとみることができる。

(1) 寒地稲作を可能にした在来品種

　江戸時代の蝦夷地（北海道）では、実用的な米の生産は行なわれておらず、道南地方でほそぼそと試みられた稲作も冷害や病害に苦しまれ続けた。20世紀の幕開け（明治33年）後に急速に近代遺伝学が発展し、科学的育種技術による稲の品種改良が可能となり、全道に稲作が拡大したばかりでなく、本州産米と同等あるいはそれ以上の収量・品質・食味の道産米が生産できるようになった。このような北海道品種の改良にも在来品種の寄与が大きい。

①北海道における稲作の北進に寄与した「坊主」

　北海道における稲作の北進は品種改良と栽培技術の連携により成しとげられた。ここでは品種改良との関連で稲栽培前線の北進のあとをたどる。

　江戸時代以前には蝦夷地での稲の栽培に成功した記録は残されていない。明治維新により藩席を離れた人々が蝦夷地の開拓に大きな役割を果たすこととなった。これらの人々が出身地から稲の品種を取り寄せて試作したが、容易には成功しなかったことは想像にかたくない。

　江戸後期から幕末にかけては、函館周辺にかぎり稲の試作栽培が行なわれるにとどまっていた（図1の①の線1700～1850年ころ）。明治初期には在

図1　稲栽培前線の北進（川嶋、2012）

来品種「白ひげ」の栽培域が渡島半島の厚沢辺付近にまで北進した（図1の②の線1894〜1896年ころ）。明治中期ころまでには中山久蔵の奮闘による「赤毛」線が札幌や帯広周辺に広がった（図1の③の線1873〜1892年ころ）。

　その後「赤毛」のなかから穂抜き選抜により芒のない品種「坊主」が育成され、明治末期から大正にかけて稲作前線は旭川・留萌付近にまで北上した（図1の④の線1897〜1916年ころ）。大正時代になると、「坊主」からの純系選抜により「坊主6号」が育成され、稲作前線が北見方面にまで拡大した（図1の⑥の線1919〜1926年ころ）。

　大正2年（1913）には北海道農業試験場で交配育種を開始し、大正13年（1924）には「走坊主」（「魁」×「坊主」）、昭和10年（1935）には「富国」（「中生愛国」×「坊主6号」）が育成された。その後、「坊主」系品種との交配により、「農林11号」（「胆振早稲」×「早生坊主」）、「農林15号」（「銀坊主」×「走坊主」）、「農林19号」（「走坊主」×「二節」）などの品種が次々に育成され、北海道の稲作前線は天塩、網走付近にまで到達した（図1の⑦の線、1925〜1927年ころ）。

　このようにして昭和初期には北海道の稚内と知床を除くほぼ全域で稲の栽培ができるようになった。長い間渡島半島の南端に限られていた稲の栽培域が1世紀足らずの間にほぼ全道に拡大したのは「坊主」や「赤毛」などの在来品種のDNAが大きく寄与したみることができる。

②北の稲に息づく「赤毛」のDNA

　北の稲の品種改良は弛むことなくつづけられ、21世紀が明けて平成13年（2001）には、北海道中央農業試験場から「ななつぼし」、平成20年（2008）には北海道上川農業試験場から「ゆめぴりか」の育成が発表された。これらの改良品種は稲栽培の限界地とされた北海道で元気に育ち全国平均（5t/ha）を上回る収量をあげることができるばかりでなく、「コシヒカリ」と同等の最上級の食味のランク特A米に格付けられるようになった。かつては"ねこまたぎ"とまでやゆされ安値で買いたたかれていた道産米が今日では最上級の銘柄米として流通していることには隔世の感がある。

　このような奇跡はどのようにして起こったのであろうか。「ななつぼし」や「ゆめぴりか」の系譜を遡ると、北海道の在来品種「赤毛」にたどり着く。この品種のなかから篤農家の手により無芒の変異株が選抜され「坊主」が生まれた。その後、「坊主」の純系選抜により一連の坊主系品種が育成され、これらを交配母本として多くの優良品種が生まれた。そこで北海道品種の元祖となった「赤毛」のDNAが現在品種のゲノムにどの程度入り込んでいるかを試算してみた。

　水稲の在来品種は長い間自家受粉を繰り返し遺伝的に純粋な系統（純系）になっている。純系選抜による改良では、親のDNAの大部分が子供にそのまま伝えられることから、親子の間の近縁度はほぼ1.0とみなすことができる。一方、二親交配では片親のDNAの半分だけが子供に伝達される。したがって親と子の間の近縁度は0.5とみなすことができる。

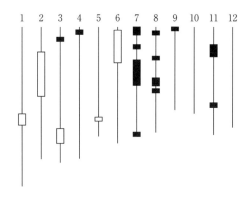

図2　現代品種に残る「赤毛」のDNA断片（■部分）
（藤野・小原、2015）

　交配育種では親のDNAが世代ごとに半減すると仮定すると、「ゆめぴりか」や「ななつぼし」の8世代前の祖先の「坊主6号」のDNAのうち、$1/2^8=0.004$（0.4%）程度が引き継がれている計算になる。しかし複雑な系譜のなかでは近親交配があちこちにあること、また寒冷気候に適応するため早生性や耐冷性に関する選抜が強く働いたことなどを考えに入れると、さらに多くの「坊主6号」のDNAが子孫に伝達され近縁度が高まっていると考えられる。こうしたことから少なくとも数％あるいはそれ以上の「坊主6号」のDNAが「ゆめぴりか」や「ななつぼし」などの現代品種に引き継がれていると考えられる。

　図2に示したが、最近の研究によると[17]「赤毛」「ななつぼし」「ゆめぴりか」などを含む北海道の20品種のDNA配列を比較した結果、「きらら397」以降の9つの食味のよい品種には「赤毛」由来のDNA断片が13ヶ所あり、全ゲノムの6.2%程度を占めることが明らかにされた。意外に多くの在来品種のDNAが現代品種に組み込まれていることがわかる。

　北の稲の系譜をみると、在来品種「赤毛」や「坊主」などのごく狭い遺伝的基盤のうえにほかの地域や外国の品種のDNAを取り込んで遺伝的基盤を拡大する一方で、改良品種や育成系統の間で交配を繰り返して、在来品種のDNAと外来品種のDNAを巧みに組み合わせることにより、「ゆめぴりか」や「ななつぼし」などの現代品種が誕生し、特A米の生産が可能になったとみることができる。

(2) やませに耐えた「亀ノ尾」と「愛国」

　東北地方の稲作には冷害との闘いの歴史がある。江戸時代の天明3年（1783）の大飢

饉では、南部と津軽の両藩だけでも12万人以上の餓死者が出たとする記録が残されている。明治時代以降の統計によると、作況指数が50％を下回るような大凶作が明治35年（1902）、明治38、明治39年、大正2年（1913）、昭和9年（1934）、昭和16、昭和20年、昭和55年（1980）に東北地方を襲った。このような冷害との闘いのなかで東北地方の稲の品種改良が続けられてきた。

　まず、明治26年（1893）の冷害で被害を受けた山形の水田で稔りのよい株から篤農家が選出した在来品種「亀ノ尾」を活かした品種改良、さらに昭和55年（1980）に東北地方を襲った大冷害のあと宮城県古川農業試験場で新たに開発された耐冷性検定技術により明らかにされた「愛国」の耐冷性とそれを活かした品種改良のあとをたどってみよう。

①どのようにして冷害は起こるか

　稲の冷害には、3つのタイプがある。第1は遅延型冷害で、北海道や東北地方の北部などの寒冷地で発生しやすい。田植えをしてから穂が出るまで期間の温度不足により生育が遅れ、極端に減収したり収穫皆無になったりする。第2の傷害型冷害は穂がつくられるころ、とくに花粉がつくられる時期に東北地方の太平洋岸で吹くやませ（偏東風）の影響でいもち病が大発生したり、稔りが悪くなったりして減収する。第3の混合型冷害では、遅延型と傷害型の冷害が併発し甚大な被害を受ける。

　遅延型冷害に対しては、まず早生にして速く成熟させる必要がある。傷害型冷害に対しては、やませを回避するか、低温下でも順調に花粉形成を行なわせる必要がある。混合型冷害に対しては、早生化とともに低温下で花粉形成を促す必要がある。

②冷害田で見出された「亀ノ尾」とその活用

　1・2項で記述したとおり、明治時代の中ごろ、山形県の阿部亀治が冷水田の水口に植えられた耐冷性の強い在来品種「冷立稲」のなかによく実った穂を見つけて種子をとり改良を進めた。

　「亀ノ尾」は草丈がやや高く稈が弱くて倒伏しやすかった。早生・多収であるうえに食味がよく、冷害には強いがいもち病には弱かった。芒がなく、粒がやや大きく腹白がやや発生しやすいが、品質はよく酒米にも適していた。秋田や山形の平野部では中生だが、青森や岩手の北部ではやや晩生となった。

　明治末期から大正初期にかけて「亀ノ尾」を親とする純系選抜が盛んに行なわれ、「亀ノ尾1号〜10号」などの品種が育成された。さらに交配育種がはじまると、耐冷性のすぐれた良質米品種として交配母本に盛んに利用された。

「亀ノ尾」の耐冷性は「農林17号」を経て東北地方南部の主導品種「ササシグレ」や「ササニシキ」に伝達され、さらに「トヨニシキ」や「アキヒカリ」などの東北地方北部の主要品種にも引き継がれた。一方「亀ノ尾4号」の耐冷性は「陸羽132号」を経て、「コシヒカリ」や「ホウネンワセ」にも伝達されたとみることができる。

「亀ノ尾」は酒米としての評価も高く、現今の東北・北陸地方の酒造好適米品種の「美山錦」「五百万石」「たかね錦」などにもつながっている。

ところで、青森県農業試験場藤坂支場の冷水掛け流し法による耐冷性検定では、「亀ノ尾」系列の品種や系統の耐冷性が評価されていたが、昭和55年（1980）に東北地方を襲った大冷害を契機に宮城県古川農業試験場で新たに開発された恒温深水法による耐冷性検定では、「亀ノ尾」の耐冷性よりはむしろ後述の「愛国」に由来するとみられる耐冷性が再評価されるようになった。

③改めて注目された「愛国」の耐冷性

昭和55年（1980）の大冷害における不稔の発生状況を宮城県古川農業試験場で詳しく調査したところ、「アキヒカリ」「レイメイ」「ササニシキ」「トヨニシキ」などの当時の奨励品種に比較すると、「コシヒカリ」をはじめとする「農林17号」「陸羽132号」「愛国1号」などの古い品種の稔りがよいことがわかった。

そこで冷害による不稔歩合が低かった品種や系統の耐冷性を古川農業試験場で新たに開発した恒温深水法により再評価した。その結果「コシヒカリ」をはじめ「トドロキワセ」「越南128号」「北陸106号」などの「コシヒカリ」系（子供・孫・甥姪関係）の品種や系統の耐冷性が高く評価された。

さらに広範に耐冷性遺伝資源を探索する目的で、500点以上の品種や系統の耐冷性を恒温深水法により評価した。その結果に基づき耐冷性が強いと判定された84品種・系統のうち、外国品種を除く72品種・系統の系譜を詳しく分析したところ、「コシヒカリ」とその系譜上にある品種・系統が45.8%と半数近くを占めることがわかった。このなかでは「コシヒカリ」の子孫が最も多く、次いで「トドロキワセ」（「コシヒカリ」と甥姪関係）の子孫が多かった。また「コシヒカリ」の親の「農林22号」、祖父母にあたる「農林8号」、さらにその祖先の「愛国」やその子孫にあたる品種・系統も含まれていた。

これらの品種・系統の耐冷性は在来品種「愛国」に由来する可能性が高いとみられた。また「愛国」から選抜された「銀坊主」や「陸羽20号」の耐冷性も最強級であることからも「コシヒカリ」の耐冷性は在来品種「愛国」に由来する可能性が高いと推察された。

恒温深水法の耐冷性検定に供試した「愛国」と名のつくすべての品種は必ずしも「コシ

ヒカリ」級の耐冷性を示さなかった。そこで農研機構のイネ・ジーンバンクに保存されている「愛国」名のつく24点の品種・系統の耐冷性検定を行なった。

その結果、「愛国」という名前のついた品種・系統の間にも、冷害による不稔歩合はもとより、出穂期、芒の長短、籾色などに変異がみられた。それでも在来品種「愛国」の特徴とみられる長い芒のある赤褐色穎をもつ品種は「コシヒカリ」級の耐冷性をもつことがわかった。これらのことからコシヒカリの耐冷性は「愛国」に由来する可能性が高いと判断された。

なお、1項の「愛国」の由来に関する記録にもあるように、静岡から取り寄せた晩生の在来品種「身上早生」に、さらに東北地方の環境下で選抜が加えられ早生・多収化し耐冷性が高まったと考えられる。

宮城県古川農業試験場では、この「愛国」由来とみられる耐冷性をもつ「コシヒカリ」と「初星」の交配により、耐冷性が強くごく食味のよい品種「ひとめぼれ」の育成に成功した。

④耐冷性の系譜をたどる

東日本の耐冷性品種の系譜をたどると、古くから利用されてきた「亀ノ尾」と新たに再評価された「愛国」の二つの系列の耐冷性が東北地方の稲の改良に大きく寄与していることがわかる。

まず、山形の篤農家により育成された「亀ノ尾」の耐冷性は「農林17号」を経て、「フジミノリ」「レイメイ」「アキヒカリ」などの東北地方北部の主導品種に引き継がれている。また、「東北24号」を介して「ササシグレ」や「ササニシキ」などの東北南部の主導品種に伝えられた。

次に「愛国」の耐冷性は、「農林8号」と「農林22号」を介して「コシヒカリ」に伝えられ、他方「陸羽132号」と「農林1号」を経て「コシヒカリ」や「トドロキワセ」などに引き継がれたとみられる（図3参照）。

(3) 日本人好みの食味を演出した「旭」と「愛国」

日本で一番おいしい米と言えば、誰もが「コシヒカリ」と答えるであろう。今や「コシヒカリ」は日本の全水田面積の3分の1以上で栽培され、国内の米市場を席巻している。いわば「コシヒカリ」の一人勝ちが続いている。

この日本人好みの食味はどのような在来品種に由来し、どのようにしてつくりだされてきたのであろうか。近年行なわれた福井県農業試験場の研究者によるコシヒカリとそ

の祖先品種の食味分析の結果からその由来をさぐる。

①日本人好みの食味

　平成5年（1993）の大凶作では日本の米生産高は783万tにまで落ちこみ、それまで過剰気味に推移していた米在庫が底をつきタイ米の輸入が行なわれた。タイ米を食べ慣れていない日本人からはタイ米に対する悪評が立った。

　日本の稲品種はジャポニカ種であるのに対して、タイの品種はインディカ種である。両者は縁が遠く、粒の形や含有成分などさまざまな特性に違いがある。

　日ごろ私たちが食べる白米の大部分は澱粉からなり、その澱粉はアミロースとアミロペクチンという二つの成分から構成されている。これらの成分の割合が米の味に深く関わっている。アミロースはブドウ糖が直鎖状に連なった構造をしており、この成分の含有率が高いほど炊飯した米がぱさつく。一方アミロペクチンはブドウ糖が分岐して連結していて、この成分の含有率が高いほど炊飯した米に粘り気がでる。ちなみに、もち米はアミロペクチンのみから成り、アミロースは含まない。

　わが国で生産される米は日本人の食生活に合う品質と食味を備えている。日本のうるち米のアミロースの含有率は相対的に低く、炊飯米には強い粘りがある。いわば日本人の好みに合うように品種改良されている。近年になりアミロース含有率の低い「コシヒカリ」（15～16%）に人為的に突然変異を誘発し、アミロースの含有率が10%以下の低アミロース品種「ミルキークィーン」などが開発され人気を呼んでいる。

②「旭」と「愛国」が演出した「コシヒカリ」の食味

　「農林22号」を母親、「農林1号」を父親とする交配組合せからは、「コシヒカリ」のほか、「ホウネンワセ」「ハツニシキ」「ヤマセニシキ」および「越路早生」の4きょうだい品種が誕生した。同じ交配組合せから生まれたきょうだい品種の間でも食味には差異があり「コシヒカリ」が最も美味である。

　近年になって「コシヒカリ」とその祖先品種の炊飯米の食味とアミロース含量を調べる研究が福井県農業試験場の専門家により3年間にわたって行なわれた[16]。この研究では、「コシヒカリ」とその祖先品種の米澱粉のアミロース含量を精密に調査するとと

「コシヒカリ育成の地」の記念碑
コシヒカリを育成した福井農業試験場の跡地に平成29年に建立（堀内久満氏提供）

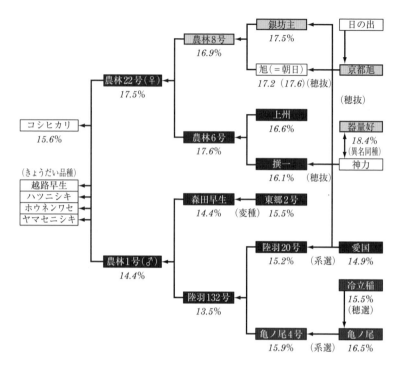

図3　コシヒカリ系品種の系譜
食味テストの総合評価値の有意性検定結果：▨は1、2年のみ有意、■は3年とも有意、イタリック数字はアミロース含有率（%）

もに、炊飯米の食味評価を18人の専門家によるパネルテストで行なった。

　その結果、「コシヒカリ」の父親品種「農林1号」ならびにそのすべての祖先品種の食味は「コシヒカリ」に劣ると判定された。他方、母親品種「農林22号」とその祖先品種のなかには、「コシヒカリ」と同等の食味をもつ品種が存在した。そのなかでも「旭」は「コシヒカリ」と同程度の食味をもつことがわかった。このことから「コシヒカリ」の食味は母方の祖先となった在来品種「旭」ならびにその系列の品種に由来する可能性が高いと判断される（図3参照）。

　ところで「コシヒカリ」のアミロース含量は15.6%であり、ほかの多くの日本品種より低い。母親となった農林22号のアミロース含量は17.5%と高いのに対して、父親の「農林1号」は14.4%と低い。このことから「コシヒカリ」の低アミロース性は父親品種の「農林1号」に由来するとみることができる。さらに「農林1号」の祖先となっている在来品種のアミロース含量は総じて低かった。「農林1号」の低アミロース性は「陸羽132号」と

「陸羽20号」を経て、「愛国」へと遡ることができる。

その一方、「陸羽132号」から「亀ノ尾4号」を経て、「亀ノ尾」に低アミロース性をたどることもできる。これらのことから、コシヒカリの低アミロース性は在来品種「亀ノ尾」や「愛国」に由来すると推察される。

「コシヒカリ」の母方の祖父母にあたる「銀坊主」は父方の曾祖父母にあたる「愛国」から選出された。しかし両者の間にはアミロース含量の差異があるうえに、芒の有無や草型などにも大きな違いがみられる。これらのことから、「愛国」の自然交雑により「銀坊主」が生まれた可能性が高いと推察される。

日本人好みのコシヒカリの食味は在来品種「旭」の良食味性と「愛国」および「亀ノ尾」の低アミロース性が結合したうえに、その他の食味に関連するさまざまの遺伝子を集積して実現したと考えられる（図3参照）。

(4) 奇跡の稲を育んだ「白千本」と「十石」

奇跡の稲（ミラクルライス）といえば、1960年代にマニラの郊外に米国財団が設立し、その後国際機関となった国際稲研究所（IRRI）が昭和41年（1966）に発表した「IR 8」が思い起こされる。インディカ種でありながら「IR 8」は草丈が低く茎が太く、葉がよく立って繁茂し、穂が大きく穂数も多く、驚異的な収量を見込むことができ、奇跡の稲というにふさわしい特性を備えていた。しかし、この稲が緑の革命を起こすことはなかった。

アジアの国々には灌漑施設のない天水田（自然降雨にたよる水田）や頻繁に洪水におそわれる浸水田が多く、奇跡の稲の栽培には向いていなかったからである。

これとあい前後して東北地方では人為突然変異により「レイメイ」が作出されていたばかりでなく、それよりはるかに以前から、わが国では愛知在来とみられる「白千本」を活用した多収性品種の育成、九州地方では育種家の手で発掘された在来品種「十石」を母材とした品種改良が行なわれ、奇跡の稲とも呼ぶにふさわしい品種の開発が進んでいた。

①半矮性の秘密

稲の茎は稈と呼ばれ、その長短で草丈が決まる。稈は数節から成り立っている。節と節の間は節間と呼ばれ、節間の長さで稈長が決まる。稈の短い性質を矮性といい、稈が程良く短い性質を「半矮性」という。半矮性品種では、地際の下位の節間が短縮されて倒伏に強くなり、上位節間が短縮されないで穂が大きくなると考えられる。

ところでIRRIで育成された「IR 8」、突然変異で育成された「レイメイ」、九州の在来

品種「十石」は、いずれも半矮性品種といえる。これらの品種の半矮性に関する遺伝子の異同を調べる研究を菊池ら（1985）が長い年月をかけて行なった[6]。その結果、「IR 8」と類縁関係にある台湾の半矮性品種「台中在来1号」、日本の在来品種「十石」、日本で突然変異により作出された「レイメイ」は、いずれの品種もゲノム上の同じ位置に類似の半矮性遺伝子 sd-1 をもつことがわかった。

②多収性育種に活用されていた「白千本」

　愛知県は稲育種のメッカともいわれ、農民の手による在来品種の改良や先進的な育種技術を駆使した稲の品種改良の長い伝統がある。明治時代末期から大正時代にかけて人工交配による品種改良が盛んになると、すぐれた特性をもつ在来品種が交配母本として活用されるようになった。香村によると[9]、最も多く人工交配の親として活用された在来品種は「神力」で20回、それに次いで「白千本」が16回、「京都旭」（＝「旭」）」が13回、交配親として利用された。「白千本」は半矮性で倒伏しにくいうえに穂数も多く、葉が立つ傾向があり、密植による多肥栽培で多収穫となることが見込まれた。

　「白千本」を母本とした多収性品種の改良は大正12年（1923）に愛媛農業試験場から着任した佐々木林太郎場長の構想とされ、当時の愛媛県では「小二本」（「中生神力」×「弁慶」）や「小雄」（「小二本」×「雄町」）などを用いて稈長が75cm以下の短稈で倒伏に強く肥料反応のよい品種の育成が計画されていた。

　「白千本」の由来は明らかにされていない。愛知在来とする説もあるが、静岡県や愛媛県でも栽培されていた記録もあり、多収の在来品種として広く栽培されていた。「白千本」は奇跡の稲「IR 8」の親である台湾品種「低脚烏尖」と同じか類似の半矮性遺伝子をもつと推察され、超多収性能力のある奇跡の稲といえよう。

　「白千本」は「ビロ七」「股八」あるいは「へそ十」などの別名がある。これらは「ビロビロできても七俵」「股までできれば八俵」「へそまでできれば十俵」に由来するとされ、どんな栽培条件でも多収穫となることを意味した。

　「白千本」に「愛知旭」を交配して育成された「千本旭」は昭和15〜17年（1940〜1942）ころ、富民協会主催の多収穫競技において上位を独占し、愛知県内では23,000haまで普及した。「白千本」の半矮性は一方では「豊年旭」から「中生豊年」、もう一方では「千本旭」から「良作」に引き継がれた。「中生豊年」と「良作」の交配により、きわめて多収性の「金南風」が戦後間もない昭和23年（1948）に育成された（図4参照）。

　昭和24年（1949）から昭和44年（1969）の20年間継続された米作日本一表彰事業において2回以上優勝した品種の記録をみると、「金南風」の収量が10t/ha以上で最も高くな

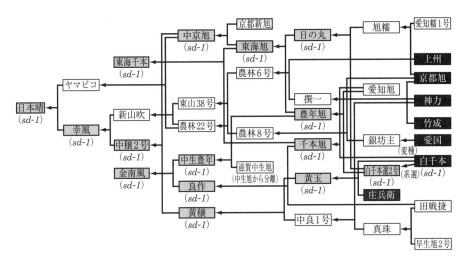

図4 「白千本」の半矮性を活かした品種改良

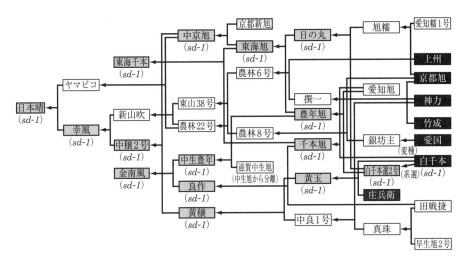 は在来品種、 は半矮性品種（カッコ内のイタリック文字は推定遺伝子）

っている。米作日本一における愛知県内首位品種の入賞回数は「金南風」が92回で最も多く、「農林18号」が38回、「千本旭」が20回以上となった。

　愛知県育成で広域適応性のある安定多収品種「日本晴」は昭和45年（1970）年ころから西日本を中心に栽培面積が拡大し昭和50年には35万haに達した。その後、昭和55年（1980）ころコシヒカリに譲るまで「日本晴」は作付け首位の座を10年以上も独占した。

　「白千本」の半矮性が「日本晴」に確実に伝達されている確証はないが、遠い祖先には「白千本」が3回も出現する。そのうえに「日本晴」にいたる中間品種はいずれも短強稈であることから、父親となった「幸風」に引き継がれているとみることができる。

　「IR 8」の登場から数十年も遡る時期に、わが国では半矮性の在来品種を活用した品種改良が行なわれていた。ちなみに、半矮性遺伝子をもつとみられる奇跡の稲の育成年次は次のとおりである。

　1929年　千本旭（日本）愛知旭×「白千本」
　1948年　金南風（日本）良作×中生豊年（曾祖父母に「白千本」）
　1954年　台中在来1号（台湾）低脚烏尖×菜園種
　1956年　矮脚南特（中国）南特16号の突然変異
　1961年　ホウヨク（日本）「十石」×全勝26号
　1966年　レイメイ（日本）フジミノリの人為突然変異
　1966年　IR 8（IRRI）低脚烏尖×Peta

1968年　統一（韓国）（ユウカラ×台中在来1号）×IR8

1976年　Calrose 76（アメリカ）Calroseの人為突然変異

　世界的に名を馳せた奇跡の稲「IR8」は昭和41年（1966）に発表されたが、「千本旭」は昭和4年（1929）、「金南風」は昭和28年（1953）に育成されていた。「金南風」は15の府県で奨励品種に採用され最大普及面積は13.6万haに達し、「千本旭」の奨励品種採用府県は11、最大普及面積は9.1万haに達した。

　これらのことからみると、何十年も前に愛知県では半矮性遺伝子を利用した奇跡の稲の開発が行なわれていたことになる。

③近年になり九州で発掘された「十石」

　九州在来とみられる「十石」は「IR8」が世界的な話題にのぼる以前の1950年代に九州農業試験場の育種家の手で発掘され、品種改良に活用されるようになった。食料増産が喫緊の課題となっていた戦後の日本では、昭和24年（1949）に朝日新聞社主催による米作日本一と称する多収穫競技が20年にわたり続けられた。そんな折、昭和28年（1953）に福岡県八女郡福島町の安達重澄が「十石」を栽培した競作田を出品し、すぐれた成績を残した。さらに昭和30年（1955）の秋には旧福岡県三潴郡大木町の熊丸連蔵は「十石」を栽培して7.19t/haの収量をあげ、米作日本一競作会九州ブロック1位となった。これを機に「十石」が広く農家の目を引くようになった。

　「十石」は短稈で穂数が多く穂が大きいうえに、草型もすぐれ止葉（最上位の葉）が穂のうえに出る。きわめて倒伏に強く耐肥性があり（肥料反応がよく）多収であり、玄米には腹白が多く発生し品質はすぐれないが食味はよかった。しかし、白葉枯病、いもち病、紋枯病、線虫心枯病、萎縮病などの病害には弱かった。

　昭和26年（1951）ころ、「十石」の栽培は熊本県内にもみられたが、福岡と佐賀の両県にまたがる筑紫平野の南東部に多くみられ、とくに福岡県下で多く栽培されていた。「十石」の来歴は明らかではないが、翌27年に行なわれた九州在来品種の収集・比較および保存品種の調査などから「岡1号」が「十石」と異名同種であり、鹿児島県下の「十石」は同名異種であることがわかった。

　当時の農林省の統計調査資料によれば、「十石」の全栽培面積は4,677haであり、関東（14%）、東山・東海（47%）、中国（20%）、九州（18%）と、九州以外にも「十石」という名前の品種が広く栽培されていた。これらの九州以外の地域で栽培されていた「十石」の特性を調べた結果、本来の九州産「十石（有明）」（または「有明十石」）と同じ特性をもつ品種は見あたらなかった。

「十石」の来歴を探ろうとした山川（1967）[19] は何人かの農民から聞きとった記録を残している。

(1) 久留米市のある農民が昭和初期（1930〜1931）から栽培。馬糞を多く施し白葉枯病が激発し栽培中止。多収に魅せられ、富民協会の米穀多収穫競作会で十石賞を獲得した島根県の佐々木伊郎より種子を入手して栽培を再開。

(2) 福岡県三潴町の古老堤栄次は佐々木伊太郎の多収穫を聞き、昭和11年（1936）に種子を入手。翌年に肥料試験で試作して多収穫。短稈で籾摺り歩合が高く食味がよい。多収種を望んで「十石」と命名。

(3) 福岡県八女市の古老池田清蔵は昭和17年（1942）三潴の親戚（堤栄次の縁続き）から種子を入手し栽培。湿田で栽培し好成績をおさめ食味もよかったが、白葉枯病に弱かった。

島根県農業試験場の調査では、大正末期ころより「十石」「十石穂」「十石賞」などの十石系品種が栽培されていたが、同県の「十石」は本来の「十石（有明）」とは特性が一致していない。

「十石（有明）」と異名同種に「岡1号」がある。このほか福岡県三潴を中心に分布する十石系品種には、「岡2号」「剛力」「二十石」などがある。「岡1、2号」は戦前に福岡県三井郡の農会技術員の岡某が「十石（有明）」から選抜育成したといわれている。福岡県農業試験場筑後分場の報告によれば、これらの十石系品種の特性に差がみられず異名同種とみられている。さらに岡田（1963）は「強力」および「短稈」も「十石（有明）」の異名同種としている[4]。

④「十石」の特性を活かした優良品種の育成

　米作日本一競技の九州ブロックの全刈調査に立ち会った九州農業試験場の育種家たちは多収穫栽培された「十石」の草姿に強い印象を受けた。草丈が低く倒伏に強いうえに穂が大きく、止葉がよく立ち、草型のすぐれた品種であった。

　そこで「十石」のすぐれた特性を活かす育種が開始された。昭和28年（1953）、九州農業試験場において「十石」を母親とし、白葉枯病やいもち病などの病害に強い「全勝26号」を父親として人工交配が行なわれた。その後、系統育種法により8年後に「ホウヨク」、9年後に「コクマサリ」、そして11年後には「シラヌイ」の3きょうだい品種が育成された[4]。

　「ホウヨク」は「十石」と同様に草丈が低く倒伏にきわめて強い。葉がよく立ち草型がよいため密植と多肥栽培に耐える。ほかのきょうだい品種と比べ白葉枯病にやや弱いが、紋枯病、萎縮病、縞葉枯病、いもち病に対する耐病性と米の品質が勝っている。熟

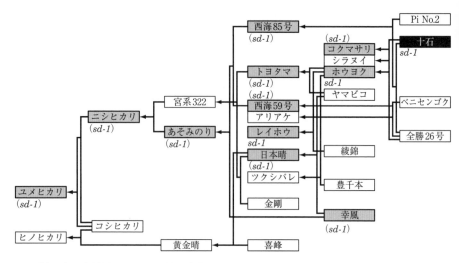

図5 「十石」の半矮性を活かした品種の系譜
■ は在来品種、■ は半矮性品種（カッコ内のイタリック文字は推定遺伝子）

色がよく根の活力も持続する。

「コクマサリ」は「ホウヨク」より10cmほど草丈が低く倒伏に耐える。生育初期には垂れるが、後期には立つ。きょうだい品種のなかで白葉枯病に最も強く、熟機がやや遅い。

「シラヌイ」は草丈が「コクマサリ」と同じくらいであるが、穂が少し長く大粒である。最も早生で登熟能力が高い。止葉は直立せず、穂が上に出てややうっ閉しやすい。大粒で玄米品質はやや劣る。

きょうだい品種の間に特性の違いがあるが、いずれの品種も両親品種のすぐれた特性を併せ持った優良品種であり、北九州を中心に昭和41年（1966）ころの栽培面積は「ホウヨク」が74,000ha、「コクマサリ」が17,000ha、「シラヌイ」が16,000ha以上に達し、合わせると10万haを超えた。

その後も「十石」のDNAは「レイホウ」「トヨタマ」「ニシヒカリ」「あそみのり」などへと引き継がれていく（図5参照）。

⑤「白千本」および「十石」の半矮性の由来に関する可能性

菊池ら（1985）の長年の研究により[6]、奇跡の稲「IR 8」の半矮性遺伝子*sd-1*と同じか同じ座位の類似の遺伝子が日本の在来品種「十石」と人為突然変異で作出された「レイメイ」に含まれていることがわかった。そればかりでなく、各国の研究から同類の半矮性

遺伝子が台湾の在来品種「低脚烏尖」や「台中在来1号」、中国の半矮性品種「矮脚南特」、アメリカの人為突然変異品種「Calrose 76」などにも含まれていることが明らかにされている。

　中国、台湾、日本などの在来品種のもつ半矮性遺伝子（あるいは同一座の類似の対立遺伝子）が日本やアメリカで育成された突然変異品種にも含まれていたことは興味深い事実である。

　ところで、日本をはじめ台湾や中国に分布する半矮性品種の由来については、何らかの関連があるのであろうか。そのヒントが半矮性品種の脱粒性の研究から得られている。脱粒性は種子が熟すると落ちやすくなる性質であり、野生の稲には不可欠な特性であるが、栽培稲では収穫ロスを高めることなる。

　ジャポニカ種である日本の半矮性在来品種「白千本」や「十石」には脱粒しやすい性質がある一方、インディカ種である奇跡の稲「IR 8」、その親品種である「低脚烏尖」「台中在来1号」などの半矮性品種にも脱粒性がある。大場ら（1989）の研究[3]により、インディカとジャポニカを問わず、これらの半矮性品種では半矮性と脱粒性がかなり密接に連鎖していて、それらに関連する遺伝子がゲノム上の近い位置にあることがわかった。

　このことから半矮性と脱粒性に関する遺伝子を含む連鎖ブロック（染色体断片）が当初の稲作伝来以降の外国品種の再導入の機会に中国や台湾などの品種から伝えられた可能性があると考えられる。

(5) 日本酒米品種の改良に寄与した「山田穂」と「八反草」

　日本酒の原料とされる酒米は、こうじ（麹）の増殖に用いるこうじ米（20％）と発酵原料となるかけ米（80％）とに分けられる。かけ米には普通の食用米が用いられることが多いが、こうじ米には特別の性質をもった酒造好適米が用いられる。ここでは、酒造好適米だけを酒米と呼ぶ。

　わが国では明治時代以降になって本格的な酒米の改良が行なわれるようになった。当初、広島県や岡山県において食用米のなかで「雄町」や「亀ノ尾」などの在来品種が酒米品種として利用されていた。

　その一方で慶長年間（1596～1615）から酒造りが発展した広島県では、大正時代に育成され酒米品種「山田錦」の親となった在来品種「山田穂」が栽培されていた。さらに明治8年（1875）にはもう一つの有力な酒米品種の親となった「八反草」が大多和柳祐により育成された。

①酒米生産の現況

　近年における酒米生産量は以前の1.6倍になり、増加傾向をたどっている。平成27年（2015）の生産量をみると、兵庫県が27％で最も多く、次いで長野県が15％を生産し、両県で全国生産の42％を占めている。

　品種別では、「山田錦」が最も多く全国作付けの36％、次いで「五百万石」が15％を占め、兵庫県の「山田錦」、新潟県の「五百万石」、長野県の「美山錦」、岡山県の「雄町」など、産地ごとに独自の銘柄品種が作付け上位を占めている。

　これらの銘柄品種を改良する目的で、栽培特性のすぐれた品種を交配して、短稈で穂数の多い多収性の酒米品種の育成が各地で試みられているが、改良品種の栽培面積は伸び悩んでいる。

②どんな品種が酒米に向くか

　酒米（酒造好適米）には大粒で心白の発生しやすく、タンパク質の含有率の低い品種が選ばれる。

　大粒性　玄米1,000粒の重さ（千粒重）で粒の大きさは表される。大粒品種ほど精白歩合（玄米から白米のとれる割合）が高く、精白に要する時間が短いうえに心白（玄米中心部の白濁部）が発生しやすく、吸水が速く、タンパク質含量が低く、消化性（発酵による分解）が高くなる傾向がある。このため酒米としては大粒品種が好まれる。

　わが国の食用米品種の千粒重はおよそ20〜24gの範囲にあるが、酒米品種は23〜30gの範囲にある。たとえば、「たかね錦」や「美山錦」は比較的小粒で23〜25g、「雄町」「山田錦」や「八反錦」は26〜27gで大粒、近年育成された「華吹雪」や「兵庫北錦」はごく大粒で28〜31g程度である。

　心白発生率　正常に稔った粳（うるち）品種の米粒の中央部に現れる白色不透明の部分を心白という。完全に登熟した米の胚乳細胞には澱粉粒が隙間なく詰まっている。しかし、心白部分では澱粉粒の間に空隙があり、光の屈折と乱反射により白濁してみえる。心白のある米は吸水するときに亀裂を発生しやすく吸水が速くなり、蒸し米の内部にこうじ菌が侵入しやすくなる。酒米には心白があるのが望ましいが、心白が大きすぎると搗精時に砕米が発生しやすくなる。

　心白の形状や発生位置は品種の特性であるが、同じ品種でも粒による差異がある。玄米の横断面でみた形状により、線状心白と眼状心白とに分けられる。「山田錦」は線状心白、「たかね錦」や「五百万石」では中間型の心白が発生しやすい。心白の形状としては、「山田錦」のように薄い直線状のものが望ましい。とくに高度に精白される吟醸や大吟醸

の原料米では心白は小さいほうがよいと考えられている。

　　タンパク質含有率　　タンパク質は発酵により雑成分となるので、酒米のタンパク質含有率は低いほうが望ましい。玄米のタンパク質含量は窒素肥料の施用量などにより変動するが、品種間差異も明瞭である。世界の稲の品種をみると、玄米のタンパク質含量には4～18％の変異があり、日本の水稲品種では5～12％の変異がみられる。

　　酒米品種のなかでは、「山田錦」などはタンパク質含有率が低い。食用品種のなかでは「金南風」や「レイメイ」などはタンパク質含有率が低く、かけ米としてよく利用される。

③酒米改良に寄与する在来品種

　　現在の主要な酒米品種の系譜（図6）をたどると、古くから酒米として利用されてきた在来品種「雄町」をはじめ、明治以降になり、兵庫県の「山田穂」や広島県の「八反草」が酒米改良の遺伝資源として重要視されるようになった。

「山田穂」　　この品種の来歴は定かではないが、明治10年（1877）ころ兵庫県の山田勢三郎が自家水田で優良株を発見して選抜したとされているが異説もある。古くから兵庫県で酒米品種として栽培されてきた。大正12年（1923）に兵庫県農事試験場において、「山田穂」を母親とし「短稈渡船」を父親として人工交配が行なわれ、昭和11年(1936)に「山田錦」が育成された。

　　「山田錦」は酒米生産首位の兵庫県の基幹品種として長年君臨し、現在でも日本の全酒米品種作付面積の36％を占めている。山田錦は千粒重が27～28gと大粒で心白の発生率は80％以上と高い。心白の形状は一文字形で、吟醸・大吟醸酒用の高度精白に好適である。タンパク質含有率は6～7％で最も低い部類である。さらに米質には弾力があり蒸米の老化が遅くこうじ菌の繁殖に向く。

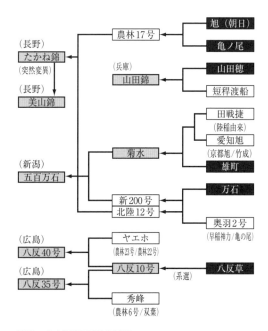

図6　主な酒米品種の系譜
■は在来品種、▨は酒米品種
（カッコ内は由来（交配組合せなど））

　山田錦は多くの酒米品種の改良に用いられ、寒冷地から温暖地・暖地にかけて主要な酒米品種の交配親となっている。長稈・穂重型で倒伏しやすいので、半矮性遺伝子を導入していろいろな新品種が育成されているが、栽培面積が伸び悩んでいる。青森県の「おくほまれ」と「華吹雪」、宮城県の「蔵の華」、愛知県の「夢山水」、兵庫県の「兵庫夢錦」「なだひかり」、広島県の「千本錦」など多くの改良品種が「山田錦」のDNAを受け継いでいる。

「八反草」　明治8年（1875）に広島県入野村（現在の加茂郡川内町）の民間育種家大多和柳祐（1819年〜没年不詳）が「八反草」を育成した。晩生で長稈の在来品種の改良をめざして、早生で穂が大きく大粒の穂を選抜し育成したとされている。

　大正2年（1913）に広島県の奨励品種に採用された。大正10年には純系選抜により、「八反10号」が育成され、この品種と「秀峰」の交配により昭和37年（1962）に「八反35号」「ヤエホ」との交配で昭和40年に「八反40号」が広島県農業試験場で育成された。さらに昭和58年（1983）には「八反35号」と「アキツホ」の交配で「八反錦1、2号」が誕生した。なお、この系列とほかの系列の品種との交配はあまり行なわれていない。

「雄町」　酒米品種のルーツとされる「雄町」は岡山県上道郡高島村大字雄町（現在の岡山市）の篤農家岸本甚造が安政6年（1859）ころ伯耆大山に詣でたとき2本の穂を持ち帰り選抜を重ねて慶応2年（1866）に育成した。明治41年（1908）には、岡山県の最初の奨励品種となり、その後純系選抜を行ないつつ、現在まで一部地域で栽培が続けられている。

　「雄町」は岡山県では晩生・長稈・穂重型で穂数は少なく倒伏しやすい。穂長は長いが着粒があらく長い芒をもつ。心白の発生は良好で酒造米としての品質はよく、在来品種としては多収である。

　「雄町」の系列では「改良雄町」を親として広島県の「こいおまち」や愛知県の「菊水」や「白菊」が育成された。この系列では新潟県の「五百万石」がよく知られている。「五百万石」は昭和12年（1937）に新潟県農業試験場において、「菊水」を母親、「新200号」を父親として人工交配が行なわれ系統育種法により育成された。新潟県の「一本〆」、愛知県の「古城錦」、兵庫県の「兵庫北錦」、島根県の「神の舞」などの親ともなっている

　「五百万石」は新潟県では7月下旬に出穂する早生種、長稈で穂が大きく穂数は少ない。葉が立って草姿はよいが倒伏に弱い。着粒密度はやや疎であり登熟がよく熟色もよい。玄米は丸く大粒で光沢に富み、心白はやや多く酒造好適米として極上質である。

　近年における日本酒ブームもあり、兵庫、広島、新潟、長野などの諸県では、ブランド酒米品種の開発をねらい「山田錦」「五百万石」「美山錦」などの銘柄品種を母材として幾多の酒米専用品種が育成されてきた。しかし、これらの新品種の栽培は伸び悩んでいる。その理由として次の3つが考えられる。

①これらの新品種の醸造好適性（大粒性、心白発生率、低タンパク性）が十分に満たされていない。

②醸造好適性に関する未知の要因がある。

③従来からの銘柄品種へのこだわりが強すぎる。

〈引用・参考文献〉

1) 石墨慶一郎 (1979)「コシヒカリとその姉妹品種」『稲の品種改良』全国米穀配給協会

2) 今井克則ら (2008)「イネ在来系統'赤毛'から生じた新規変異体の遺伝解析」『育種学研究』10：135-143

3) 大場伸哉・中村 淳・鶴見裕子・菊池文雄 (1989)「イネ半矮性遺伝子 *sd-1* と脱粒性陰電子の連鎖」『熱帯農業』33：286-291

4) 岡田正憲 (1963)「十石」『農業総覧』第3巻 品種編I 農文協

5) 川嶋康男 (2012)『北限の稲作にいどむ』農文協

6) 菊池文雄・板倉 登・池橋 宏・横尾政雄・中根 晃・丸山清明 (1985)「短稈・多収水稲品種の半矮性に関する遺伝子分析」『農業技術研究所報告』D6：125-145

7) 記念碑に見る北海道農業の軌跡刊行協会 (2008)『碑』北海道共同組合通信社

8) 櫛渕欽也ら (1972)「'染分'の放射線照射による耐冷性中間母本の育成について」『東北農業研究』13：62-66

9) 香村俊郎 (2008) 愛知県農総試における水稲育種の回顧 西尾敏彦『昭和農業技術史への証言 第6集』農文協59-126

10) 香村俊郎 (1979)「水稲日本晴の育成」瀬古秀生『続・稲の品種改良』全国米穀配給協会：129-241

11) 佐々木多喜雄 (2003)『北のイネ品種改良』北海道出版企画センター

12) 佐々木多喜雄 (2002)『北海道「水田発祥の地」記念碑』北海道出版企画センター

13) 佐々木武彦 (2005)「水稲の穂ばらみ期耐冷性遺伝子源の解明と耐冷・良質・良食味品種「ひとめぼれ」の育種」『宮城県古川農業試験場報告』4：79-128

14) 田中 稔 (1982)『稲の冷害』農文協

15) 鳥山国士・蓬原雄三 (1960・1961)「水稲における耐冷性の遺伝と選抜に関する研究」I、II 『育種学雑誌』410：143-152、11：191-198

16) 中岡史裕ら (2017)「「コシヒカリ」祖先品種の栽培特性と食味」『北陸作物学会報』52：55-59

17) 藤野賢治・小原真理 (2015)「イネ、北海道へ来た道〜北海道在来稲「赤毛」の由来」『日本育種学会第128回講演会（新潟大学）』講演番号613

18) 柳 卯平 (1965)『北の稲』毎日新聞社

19) 山川 寛 (1967)「水稲品種ホウヨク、コクマサリ、シラヌイの両親品種の選定と母本品種「十石」の来歴について」『九州農業試験場彙報』12 (3、4)：213-220

(藤巻 宏)

4

付　表

~付表1~
収集できた「在来品種」の道府県別・年次別品種分布とその数

~付表2~
主な在来品種の育成年表

付表1　収集できた「在来品種」の道府県別・年次別品種分布とその数

道府県名	品種名〔品種数〕					
	～嘉永	安政～慶応	明治1～10年	明治11～20年	明治21～30年	明治31～40年
北海道	白ひげ〔1〕	白毛・津軽早生〔2〕	赤毛・信平早生・(地米)〔3〕	渡島糯・旭・近成〔3〕	井越糯・坊主〔2〕	井越早稲・黒毛〔2〕
青森			細稈〔1〕			
宮城			小涌谷〔1〕		愛国(涌谷坊主)〔2〕	(豊後)〔1 (1)〕
秋田	一ノ山〔1〕			河邊糯・文六〔2〕	(彦平)〔1 (1)〕	
山形	細葉〔1〕		重治郎早生〔1〕	大野早生〔1〕	亀ノ尾・東郷・早生大野〔3〕	イ号・栄作糯・敷島・月布・鶴ノ糯・東郷2号・豊国・万石〔8〕
福島						
茨城					玉錦・しのぶ糯・照熊、常陸錦〔4〕	
栃木	石上糯・上州〔2〕					
群馬						(坊主二本三)〔1 (1)〕
埼玉	太郎兵衛糯〔1〕	保村〔1〕		(巾着)〔1 (1)〕	改良中川〔1〕	玉糯〔1〕
千葉				荒木・香取〔2〕		大和力〔1〕
東京				巾着〔1〕		
神奈川				八右衛門〔1〕	幸撰・寺撰〔2〕	
新潟	善蔵早生・山崎糯〔2〕	岩ノ下・刈子・高宮〔3〕	(中生高宮)〔1 (1)〕			米光〔1〕
富山	前沢・やろく〔2〕	石臼〔1〕		若宮〔1〕		大場糯・改良石臼・銀坊主・大正糯・千葉錦・早千葉錦など〔7〕
石川	能登白〔1〕	大場〔1〕				平六糯〔1〕
福井						
長野		(信州金子)〔1 (1)〕				
岐阜	こぼれ〔1〕	縞坊主〔1〕				
静岡				身上早生〔1〕		源一本・三保〔2〕
愛知		(白千本)〔1 (1)〕			三河錦〔1〕	
三重	荒木・須賀一本・関取〔3〕	伊勢錦〔1〕	竹成〔1〕			
滋賀	善光寺〔1〕				寿・(平松)〔2 (1)〕	
京都			奥田穂〔1〕		曲玉・元気糯・萎縮不知〔3〕	

品種名〔品種数〕					道府県別計
明治41〜大正5年	大正6〜15年	昭和1〜10年	昭和11〜20年	育成年・育成地不確実	
魁・チンコ坊主〔2〕	胆振早生・小川糯・山崎糯〔3〕				18
				染分・剣（東奥）〔2〕	3
改良豊後・早生東郷〔2〕	小山早生・玉錦・名取神力・早生白河〔4〕				10（2）
					4
大野1〜4号・京錦・亀白・信友早生・東郷新2号・中生愛国・福坊主・三重成・森多早生など〔26〕	今田糯・泉金子・羽後の華・酒ノ華・新大野・善石早生・大國早生・玉ノ井など〔20〕	卯年早生・大邦・久兵衛糯・京ノ華・島ノ鶴・昭和2号・新のめりなど〔12〕	大宮錦・日の丸〔2〕		74
九重〔1〕					1
早生関取〔1〕					5
				撰一〔1〕	3
（國富・重兵衛関取）〔2（2）〕					3（3）
不作不知〔1〕	鹿倉錦〔1〕				7（1）
					3
					1
改良錦〔1〕					4
	刈羽神種・（〆張糯）〔2（1）〕		昭和糯〔1〕	白万七・新谷早生・芒銀葉・汚レ雲雀・早生一本〔5〕	15（2）
	新石臼〔1〕				12
作田糯〔1〕					4
牧谷珍子〔1〕					1
					1（1）
					2
田中錦〔1〕		豊作撰〔1〕		（白笹）〔1（1）〕	6（1）
					2（1）
					5
					3（1）
旭〔1〕					5

(付表1　収集できた「在来品種」の道府県別・年次別品種分布とその数　続き)

道府県名	品種名〔品種数〕					
	～嘉永	安政～慶応	明治1～10年	明治11～20年	明治21～30年	明治31～40年
大阪		ちわら早稲〔1〕				
兵庫			神力・(程吉)・山田穂〔3(1)〕			森田穂〔1〕
奈良	(中好)〔1(1)〕				沢田穂〔1〕	
鳥取	福山〔1〕				(強力)〔1(1)〕	
島根		茶早稲〔1〕	亀治〔1〕	長一本・彦四郎〔2〕	郡益・中生一本・早大関〔3〕	出雲・北部〔2〕
岡山		雄町・吉備〔2〕		(中村)・房吉撰〔2(1)〕	日ノ出撰〔1〕	多平撰・明徳〔2〕
広島	一本千〔1〕	(王子千本)〔1(1)〕	八反〔1〕			出雲・小天狗・早大関〔3〕
山口	都〔1〕			(神力都)〔1〕	音撰・穀良都〔2〕	牛若・光明錦・(弁慶)〔3(1)〕
徳島						(権八)〔1(1)〕
香川			奈良稲〔1〕			
愛媛	栄吾〔1〕	三宝〔1〕	相生〔1〕	長平糯〔1〕	相徳〔1〕	与吉選〔1〕
高知		一本千〔1〕			相川・白坊主〔2〕	衣笠早生〔1〕
福岡	白玉〔1〕	万作〔1〕			(三国)〔1(1)〕	
佐賀		赤紅屋・卯平治・米ノ山〔3〕			白紅屋・(九年隠)・瑞穂玉〔3(1)〕	
熊本	穂増〔1〕				早神力・早穂増・(満願寺)・二千本〔4(1)〕	山北坊主〔1〕
大分	万石〔1〕			香稲〔1〕		
鹿児島				薩摩〔1〕	溝下糯〔1〕	
沖縄				羽地黒〔1〕	名護穂赤〔1〕	
年次別計	〔24(1)〕	〔23(3)〕	〔16(2)〕	〔22(3)〕	〔42(7)〕	〔40(4)〕
(除)山形県	〔23〕	〔23〕	〔15〕	〔21〕	〔38〕	〔33〕

注1　岩手・山梨・和歌山・長崎・宮崎の5県では現在のところ在来品種が収集できていない
注2　〔　〕内は品種数。うち（　）を付した品種は育成年次が不確かだが、著者の推定でこの区分に挿入したもの。
　　　数字は内数
注3　関東・山陰など、県名が不明なものは所在する同地方の筆頭県に記入した
注4　表の最下段、(除)山形県は格段に多い山形県の除く全道府県の年次別の計である

品種名〔品種数〕					道府県別計
明治41〜大正5年	大正6〜15年	昭和1〜10年	昭和11〜20年	育成年・育成地不確実	
					1
				器量好〔1〕	5(1)
(敷田穂)〔1(1)〕	旭早稲〔1〕			大和錦〔1〕	5(2)
				(王子千本)〔1(1)〕	3(2)
八雲〔1〕	長楽〔1〕				11
美穂選〔1〕				吉備穂〔1〕	9(1)
					6(1)
武作撰・右田都〔2〕					9(2)
					1(1)
					1
					6
庄撰〔1〕					5
三井〔1〕		(十石)〔1(1)〕		早良坊主・長者坊主〔3〕	8(2)
西ノ宮〔2〕				白道海〔1〕	9(1)
福神〔1〕					7(1)
					2
盛高地古〔1〕					3
					2
〔51(3)〕	〔33(1)〕	〔14(1)〕	〔3〕	〔17〕	285
〔25〕	〔13〕	〔2〕	〔1〕	〔17〕	211

付表2　主な在来品種の育成年表

西暦	時代・年号	事項
8世紀〜12世紀	奈良〜平安時代	・奈良時代から平安時代にかけて各地の遺跡から「畦越（あぜこし）」「白和世（しろわせ）」「足張（すくはり）」「須流女（するめ）」「荒木（あらき）」「長非子（ながひこ）」「古僧子（こぼうこ）」など、24品種の名を記した木簡が出土
1603	江戸前期	《江戸に徳川幕府が成立》 ・わが国最古の農書『清良記』に、当時の土佐で、水稲だけでも早・中・晩計60品種、ほかに糯稲16品種、陸稲12品種、秈（インディカ）稲8品種、総計96品種の存在が記録
	江戸中期	・『諸国産物帳』にも盛岡領が137品種、尾張国が407品種、肥後熊本領で213品種、下野芳賀郡2村で20品種などなど、多数の品種名の記録がある
	慶長年間	・武蔵国（埼玉県）出羽村で「太郎兵衛糯」が育成される。この時代から品種育成に関する資料が残りはじめる
1768	明和5年	・出羽国荘内で「細葉」が誕生。明治40年には青森・秋田・山形で22,000ha普及
1852	嘉永5年	・長門国玖珂郡玖珂村の内海五郎左衛門・田中重吉が大粒心白の良質米「都」を育成。明治前期には輸出米として高評価を得た
1858	安政5年	・武蔵国（埼玉県）保村二合半領の高橋金助が極早生の「保村」を育成。良質の極早生種として寒冷地に普及
1860	万延元年	・伊勢国多気郡五ヶ谷村で岡山友清が「伊勢錦」を育成。以後「関取」（1848）、「竹成」（1874）、「須賀一本」（1853）がつづく
1861	文久元年	・加賀国河北郡大場村で西川長右衛門が有芒の「巾着」から無芒の「大場」を育成
1866	慶応2年	・備前国上道郡高島村で「雄町」が誕生。大粒・極良質米として評価が高く、以後、今日まで栽培がつづく
		・越中国砺波郡の農家石次郎が「石白」を育成
1868	明治元年	《明治維新》
1873	明治6年	・北海道札幌郡広島村島松の中山久蔵が耐冷性品種「赤毛」を見出す。北海道稲作のスタート
1876	明治9年	・老農中村直三が「稲種選択法」を勧業寮に提出、品種の重要性を強調し「伊勢錦」などを推奨した
1877	明治10年	《第1回内国勧業博覧会（東京上野）》 ・兵庫県揖保郡中島村の丸尾重次郎が3本の無芒穂から「神力」を選出。短稈・穂数型多収品種の先駆。購入肥料（金肥）が出回りはじめた明治末からは耐肥性にすぐれた「神力」は急速に普及、最大587,823ha（1919）に達した
	明治10年ころ	・兵庫県多可郡中町の山田勢三郎が「山田穂」を選出。のちに兵庫県農試が1936年「山田穂」×「短稈渡船」から「山田錦」を育成
1880	明治13年	・沖縄県国頭郡羽地村の東江清助・仲村金吉が「新嘉赤」から「羽地黒」を選出・育成
1881	明治14年	《第2回内国勧業博覧会（東京上野）・第1回農談会（浅草）》
1889	明治22年	・山口県吉敷郡小鯖村の伊藤音市が「都」からより早熟の「穀良都」を選抜。大粒・良質で輸出米として大阪市場で好評
1890	明治23年	《第3回内国勧業博覧会（東京上野）・第2回農談会》
1892	明治25年	・宮城県舘矢間村の蚕種業本多三学が明治22年に伊豆青市村から取り寄せた種子を窪田長八郎に依頼して試作、明治25年に「愛国」と命名された
		・沖縄県国頭郡名護村の比嘉慶蔵が山間の田の稲から選抜した鮮褐色芒の2穂から「名護赤」を育成
1893	明治26年	・冷害のこの年、山形県東田川郡小出新田村の阿部亀治が激発地を回ってわずかに実った穂を見つけ、翌年から選抜を重ねて30年に「亀ノ尾」を育成。これが先駆となって以後、「福坊主」「大国早生」「日の丸」など、庄内地方の農家育種は昭和まで活発につづけられた
1895	明治28年	《第4回内国勧業博覧会（京都）》米（在来品種）の部に「白玉」「神力」「関取」「都」「雄町」などの出品多く、「房吉」が進歩2等賞を受賞
		・北海道琴似村の江頭庄三郎が「赤毛」から無芒の「坊主」を発見。直播器と結び北海道直播栽培の契機となる
		・高知県土佐郡森村の川井亀次が愛媛県で得た抜き穂から「相川」を選抜。大正3年に長岡村井口宗吉が二期作第2期用として栽培に成功

西暦	時代・年号	事項
1898	明治31年	・滋賀県農試高橋久四郎が「神力」×「善光寺」の交配を試み、わが国初の人工交雑品種「近江錦」を育成
1899	明治32年	《府県農事試験場国庫補助法施行》府県農事試験場で品種改良はじまる
		・高知県長岡郡衣笠村の吉川類次が二期作第1期用の「**衣笠早生**」を育成。高知の水稲二期作に貢献
1902	明治35年	・広島県芦品郡広谷村の広川乙吉が「雄町」「神力」を混植、「**小天狗**」を育成。このころから品種間交雑の知見が広まった？（明治37年の「井越早生」、明治40年の「イ号」参照）
1903	明治36年	《第5回内国勧業博覧会（大阪）》
		・山形県南田川郡十六合村の檜山幸吉が「**豊国**」を育成
1904	明治37年	《農事試験場畿内支場で交雑育種事業が発足》事業開始に先立ち道府県に依頼して全国から品種を蒐集、延4000種以上が集まり672品種に整理された
		・北海道檜山郡村の井越和吉が交雑の目的で13品種を混植、「**井越早稲**」を育成
1907	明治40年	・富山県婦負郡寒江村石黒岩次郎が施肥過多田の「愛国」から非倒伏株を選抜、「**銀坊主**」を育成
		・山形県西田川郡東郷村の佐藤弥太右衛門が35年に「敷島」と「愛国」を併植、その自然雑種から選抜をつづけ「**イ号**」を育成
1908	明治41年	・北海道上川郡氷山村の角田作右衛門が極早熟の「**魁**」を育成
1909	明治42年	《畿内支場育成系統（畿内番号系統）の府県配布はじまる》
		・京都府乙訓郡向日町の山本新次郎が自田の「日ノ出」から非倒伏1株を見つけ、「**旭**」を育成。昭和になると「神力」を抜き作付全国1位、最大作付面積は西日本一円で502,632ha（1939）
	大正2～3年ころ	・福岡県三井郡味坂村の田中新吾が福岡県農試の白葉枯病試験圃から「神力」×「愛国」のF_2個体を持ち帰り「**三井**」育成
		《このころから山形県庄内地方に農家の育種グループが結成され、多数の品種を育成》
1915	大正4年	・山形県西田川郡京田村の工藤吉郎兵衛が農事試畿内支場から人工交雑法を習得し「のめり」×「寿」から「**福坊主**」を育成。農家の交配育種品種第1号。これを先駆に庄内地方では農家育成の交雑品種が頻出した
1916	大正5年	・石川県石川郡中奥村の作田栄次郎が「大場糯」×「平六糯」の人工交配により「**作田糯**」を育成。山形県以外の農家による人工交配品種
1921	大正10年	《農事試験場陸羽支場が「愛国」×「亀ノ尾」の交雑品種「陸羽132号」を育成》
		・山形県西田川郡京田村の渡辺寅蔵交配の「大宝寺」×「中生愛国」の後代から同村阿部勘次郎が「**大国早生**」を育成。この頃、庄内では農家の育種グループがさかんに活動していた
1924	大正13年	《北海道農試が「坊主」×「魁」の交配から「走り坊主」を育成、北海道稲作の北進に貢献》
1927	昭和2年	《農林省が水稲指定試験事業を開始》
1931	昭和6年	《新潟県農試が「森多早生」×「陸羽132号」から「農林1号」を育成》 以後、在来品種を親品種に農林番号品種がつぎつぎ育成された
1941	昭和16年	・山形県西田川郡京田村の工藤吉郎兵衛が農事試畿内支場から「高野坊主」×「伊太利亜州」の雑種種子を譲り受け（昭和2年）、これに「京錦3号」を交配。その雑種5代を昭和8年に同村田中正助が「**日の丸**」を育成
1945	昭和20年	《太平洋戦争終結》
1951	昭和26年	この年の水稲品種別作付面積の11位に「**日の丸**」37,197ha、12位に「**銀坊主**」32,406haがランクされた
1956	昭和31年	《福井県農試が「コシヒカリ」を育成》
		・山形県羽黒町の渡辺幸吉が「ササシグレ」×「中新120号」から「**羽黒**」を育成。昭和43年現在山形県で675haに栽培されていた

注 「品種名」の**太字**は在来品種を示す

（西尾敏彦）

あとがき——地域に根付いた農耕文化

　3年以上かかってしまったが、この『小事典』の編纂を終えることができた。予想以上に時間がかかったのは、資料の収集に手間取ったためである。つぎつぎに新技術が導入される昨今の稲作では、過去の品種の記録など長く保持する余裕がなくなったということだろうか。確かに「神力」「愛国」などという在来品種に農家の関心が集まっていたのは、もう100年も昔のことである。資料が散逸してしまっていても仕方のないことかも知れない。だからこそ、今のうちにできるだけ多く記録を残しておきたいというのが、わたしたちの願いなのだが……。

　「はじめに」でも述べたが、この『小事典』を編纂していて、とくに感銘を深くしたのは、品種のひとつひとつに、その時代、その地域ならではの物語が秘められていることである。品種の育成経過、特性、普及状況をたどることで、その時代時代に、この国のどこかで起きていた稲作進歩の実態と、それを推し進めるため心血を注いできた農家の姿を垣間見ることができた。

　わが国で「品種」という統一用語が使われるようになったのは明治31年（1898）以降で、当時帝国大学農科大学（現在の東大農学部）教授であった横井時敬が著書『栽培汎論』で用いたのが最初である。それまでは時代や場所によってさまざまな呼び名があって、江戸時代には「品」（『清良記』）、「稲草」（『会津農書』）、「種物」（『耕作噺』）など。明治になっても「稲種」（中村直三『稲種選択法』・1876）などと呼ばれていた。

　興味深いのは、明治28年（1890）に京都で開催された第4回内国勧業博覧会の審査報告書のなかで、道府県別に列記された受賞品種を「稲種方言」と呼ばれていることである。言葉のお国なまりが方言なら、稲のお国なまりは稲種方言ということだろうか。どこまで意識されていたかは別として、その地域、その地域とのつながりを強く感じさせる呼び名として、なんとなく納得させられる。

　農業の進歩はいつもそうだが、とくに品種づくりの場合は、それが生まれた時代・場所に大きく影響される。品種づくりとは、育成者（農家）と農作物（稲）と、彼らが育った時代・地域環境の四者による共同作業といってもよいだろう。最近の育種学の進歩で、品種改良が高水準施設・機器に囲まれた国公立研究機関や大企業の専有物となり、広域普及品種が幅を利かせるようになったが、原点はやはり地域にあり、地域に適する品種づくりこそが育種の本道であることは今も昔も変わりがない。やはり「はじめに」

で、在来品種こそ農耕文化遺産であると述べたが、その農耕文化遺産も地域に根付いたことで、はじめて花開いたことを強調しておきたい。

　最近は地域農業の再建が叫ばれ、各地での地域特産農作物の復権・6次産業化が話題になる時代がやってきた。稲についても酒米や赤米・香り米など、その土地ならではの伝統の味がよみがえりつつある。在来品種が単なる過去の記憶でなく、もう一度新しい農業の担い手としてよみがえることを期待している。

　それにしても編纂を終わるにあたり残念に思うのは、今日の主力品種「コシヒカリ」「ひとめぼれ」につながる「上州」「撰一」をはじめ、品種改良に深く貢献した「染分」「白千本」「十石」などの育成者名・正確な育成地などを明らかにすることができなかったことである。いつの日か、だれかの手によって解明されることを願ってやまない。

　最後に、本『小事典』の編纂にあたっては、先学が遺した多くの資料を参考にさせていただいた。とくに重用させていただいたのは、農商務省農事試験場 (1908)「米ノ品種及其分布調査」(農事試験場特別報告25号)、池 隆肆 (1974)『稲の銘―稲民間育種の人々―』(私家版)、菅 洋 (1983)『稲を創った人びと』(東北出版企画) の3労作である。また、慶応から昭和初頭に至る多くの文書に目を通すことができたのは、公益財団法人日本農業研究所図書室、農林水産省関係研究機関のデータベースAGROPEDIAと国立国会図書館デジタルコレクションの力を借りることができたからである。とくに記して感謝の証としたい。

　編纂に際してはまた、斎藤 滋（元北海道農試）・菊池栄一（元山形県農試）・佐々木武彦 (元宮城県農試)・橋本良一 (元石川県農試)・堀内久満 (元福井県農試)・中村幸生 (元高知県農試)・油川 誠(吉川市役所)・早本 保(白山市役所)・諸岡慶昇(高知大学名誉教授)の各氏にもお力添えをいただいた。こちらにも深く感謝したい。

　　　2020年3月

　　　　　　　　　　　　　『日本水稲在来品種小事典』　著者　　西尾敏彦

　　　　　　　　　　　　　　　　　　　　　　　　　　　　　　藤巻　宏

著者略歴

■西尾敏彦

1931年長野県生まれ。1956年農林省入省、四国農業試験場赴任、以後水稲栽培などの研究に従事。1990年農林水産技術会議事務局長を最後に農林水産省退職。生物系特定産業技術研究推進機構理事、農林水産技術情報協会理事長・名誉会長を歴任。著書に『農業技術を創った人たち』(家の光協会)、『農の技術を拓く』(創森社)、『昭和農業技術への証言Ⅰ〜Ⅹ』(農文協) など多数。

■藤巻 宏

1938年群馬県生まれ。1961年農林省入省、農業技術研究所、農事試験場、北陸農業試験場にて水稲の遺伝・育種研究に従事。農林水産技術会議研究管理官、農業生物資源研究所長、農業研究センター所長を歴任後、1998年に農林水産省退職。1998年東京農業大学国際食料情報学部教授 (2009年退任)。著書に『植物育種原理』(養賢堂)、『改造される植物』、『世界を変えた作物』(培風館)、『地域生物資源活用大事典』(農文協) など多数。

日本水稲在来品種小事典

295品種と育成農家の記録

2020年3月20日　第1刷発行

著　者　西尾敏彦・藤巻 宏

発 行 所　一般社団法人　農山漁村文化協会
郵便番号　107-8668　東京都港区赤坂7丁目6‐1
電話　03(3585)1142(営業)　03(3585)1145(編集)
FAX　03(3585)3668　　振替　00120‐3‐144478
URL　http://www.ruralnet.or.jp/

ISBN978-4-540-19220-3
企画・編集・DTP制作／(株)農文協プロダクション
〈検印廃止〉　　　　　印刷／(株)プロスト
©西尾敏彦・藤巻宏 2020　製本／(有)中島製本所
Printed in Japan　　　定価はカバーに表示
乱丁・落丁本はお取り替えいたします。

イネ大事典 _{上巻・下巻
+ 別冊}（分売不可）

農文協編
上製B5判・総頁2,178頁　本体価30,000円+税

●後継者・新規就農から、担い手・大規模法人経営、
　稲作名人・直売経営まで、必携の書が遂に完成！

水稲は近年、農地の集積や合筆が進み、機械の
大型化・汎用化も相まって、1経営体当たりの
作付面積が増え、低コスト省力的な栽培技術に
よる良食味多収が求められている。「お米をめ
ぐる情勢が目まぐるしく変わる今だからこそ稲
作の基礎・基本を学び直したい」という後継
者・新規就農者、「ますます集積する地域の水
田を上手にまわすため、作業を省力して経費も
節減したい」という担い手・大規模法人経営、
「合理的な施肥によって多収し、食味向上、環
境保全型などで、お米の付加価値を高めたい」
という稲作名人・小規模直売経営の方にぜひ。

【上巻】●植物特性と起源・文化／稲の形態と発育 ●イネの生理作用
　　　　●イネの生育と技術 ●育苗様式と技術
【下巻】●独特な発想の技術 ●疎植 ●直播 ●飼料用 ●輪作体系 ●圃場管理 ●気象災害・生理障害
　　　　●病害虫 ●雑草 ●収穫・調製 ●品質・食味 ●世界の稲作 ●生産者・組織事例
【別巻】●品種

ISBN：978-4-540-19134-3

イネつくりの基礎

農文協編
A5判・242頁　本体価1,900円+税

●1977年刊行の名著が読みやすくなって復活！

移植、田植機、直播イナ作と、つくり方は変わっても、
イネの本性に変わりはない。イネつくりの上で知ってお
かねばならない基本的筋道、イネの見方、技術の組合わ
せ、栄養生理などを解説。　ISBN:978-4-540-19173-2

稲作診断と増収技術

松島省三著
A5判・340頁　本体価2,300円+税

●1973年刊行の名著が読みやすくなって復活！

早期有効茎数確保、中期にデンプン蓄積を高めるV字型
稲作理論は、現在の稲作技術の原点。V字型稲作を批判
するへの字型理論、太茎大穂型理論を理解する上でも
重要。　ISBN:978-4-540-19174-9

★復刊・井原流「への字」 3冊も好評発売中！
今、甦るカリスマ農家の知恵と技！

ここまで知らなきゃ損する
痛快イネつくり
井原豊著／橋川潮解説
A5判·236頁　本体価1,800円+税

1985年刊の名著復活。省農薬、省肥料で安定多収、お金が残るイナ作のやり方を全公開。痛快かつ豪快なイネつくりの本。

ISBN：978-4-540-19175-6

ここまで知らなきゃ損する
痛快コシヒカリつくり
井原豊著／宇根豊解説
A5判·220頁　本体価1,800円+税

1989年刊の名著復活。コシヒカリを中心に倒れやすい良質米品種を省肥料・省農薬で倒さない「への字稲作」のすべて。

ISBN：978-4-540-19176-3

写真集
井原豊のへの字型イネつくり
井原豊著／稲葉光國解説
A5判·104頁　本体価1,800円+税

1991年刊の名著復活。減農薬、低コスト、中期重点施肥の「への字型」稲作を、各生育段階を追って写真で解説。

ISBN：978-4-540-19177-0

イラストでわかる
新版 安心イネつくり
山口正篤 著
A5判・112頁　本体価1,500円+税

**●楽して増収するコツをイラストたっぷりで
解説。密播密植など話題の技術も。**

耕し方のちょっとしたコツ、軽い育苗箱を使った
楽々育苗、悩むことなく穂肥がやれる植え方と施
肥、ラクに省力的でいて、倒すことなくおいしいお
コメを一俵増収できるイネつくり技術を、イラスト
たっぷりに解説。

ISBN：978-4-540-19120-6

写真でわかる
イネの反射シート&
プール育苗のコツ
農文協編
本体価1,500円+税

面倒な水やり、ハウス換気が不要の省力イネ育苗法
を豊富な現地事例と写真で解説。

ISBN：978-4-540-16170-4

よくわかる
イネの生理と栽培
農文協編
本体価1,500円+税

イネをつくるなら、おいしい米を多収したい！　多収
の生理と栽培を24の読み切り話で学ぶ。

ISBN：　978-4-540-14227-7